Ralf Berster

Der ROSENHANG in KARBEN

Bibliographische Information der Deutschen Bibliothek:
Die Deutsche Bibliothek verzeichnet diese Publikation in der Deutschen Nationalbibliographie; detaillierte bibliographischen Daten sind im Internet über http://dnb.ddb.de abrufbar.

Morlant Verlag
Taunusstr. 29
D - 61184 Karben
E-Mail: info@morlant-verlag.de
Internet: www.morlant-verlag.de

Mit freundlicher Unterstützung der Gesellschaft zur Förderung der Gartenkultur, Zweig Rhein-Main

und Heidrun Merk, Projektleiterin Garten RheinMain

Gesamtorganisation: Rosemarie Kärcher-Schack, Karben

Gestaltung: Cordula Ernst, Offenbach am Main

ISBN: 978-3-943041-17-0

Ralf Berster

Der ROSENHANG in KARBEN

Strauch- und Wildrosen in ihrer natürlichen Umgebung

VORLANT VERLAG

ROSENHANG

INHALT

Mit dieser Publikation wird der Rosenhang, ein besonderer Geheimtipp in Karben, einer breiten Öffentlichkeit vorgestellt.

Bereits 1993 begann Ralf Berster auf einem halben Hektar städtischem Land oberhalb von Klein-Karben mit der Gestaltung der Naturwiese. Inzwischen sind es rund 700 historische Rosen, die dort in einem einzigartigen Ensemble wachsen.

Nicht nur wenn zur Hauptblütezeit Ende Mai, Anfang Juni das jährliche Rosenfest stattfindet, sondern ganzjährig ist es ein Ort für beeindruckende Naturerlebnisse und Anziehungspunkt für Rosenfreunde.

Bei der Pflege wird Herr Berster von einem Freundeskreis sowie der Diakoniestation Karben unterstützt. Ihnen und insbesondere natürlich Herrn Berster gebührt Dank und Anerkennung für die Schaffung und Erhaltung eines in Fachkreisen recht bekannten Ortes.

Mit besten Wünschen für eine unterhaltsame Lektüre

Philipp von Leonhardi
Kulturstadtrat der Stadt Karben

KARBENER ROSENWUNDER

„Noch immer standen unsere Füße im Atem der Rosen, der dicht am Boden hinstrich, noch immer schlug unser Herz in ihrem Duft, wenn die Brise ihn ein wenig höher trug".

Es ist Albert H. Rausch, der über sein Erlebnis schreibt, in einem Rosenacker zu stehen – überwältigt von Duft und Farbenvielfalt der Rosen. Der Friedberger Autor und spätere Büchnerpreisträger setzt der Rose in der Wetterau mit seinem Buch „Die Welt der Rose" 1928 ein Denkmal.

Zu dieser Zeit wurden in Steinfurth schon 60 Jahre lang Rosenpflanzen kultiviert und längst bestimmten neben ausgedehnten Weizenäckern auch neue landwirtschaftliche Produkte wie die Rose das Bild der Wetterau.

Während auf den Rosenäckern die stachlige Rose in schönster Ordnung in Reihen auf den Äckern gedeiht, ist bei einem jüngeren Wetterauer Rosengewächs eher kreativer Wildwuchs das Markenzeichen.

Ralf Berster pflanzte hunderte historische Rosen in eine Wiese in Karben in der Wetterau und ließ sie gewähren. Anstelle des gepflegten Rasens mit Rosenbeeten findet der Besucher schmale ins Gras gemähte Pfade vor, die sich zwischen manns- und übermannshohen Rosenbüschen hindurch schlängeln.

Durchstreift man diese Rosengebirge, drängen sich Fragen auf. Wieso werden die Rosen hier zum Wald? Wie groß werden Rosen überhaupt? Warum haben die so überwältigend viele Blüten und warum riechen die so gut?

Glückliches Karben: eine Wetterauer Wiese wird wilder Rosengarten. Rosenfreunde aus nah und fern suchen den Karbener Rosenhang – das Karbener Rosenwunder. Schon längst hat sich herumgesprochen: solche Rosen findest du sonst nirgendwo.

Sabine Kübler
Leiterin des Rosenmuseums Bad Nauheim

links:
'Ghislaine de Féligonde'
Multiflora
Turbat 1916

„Die Ros' ist ohn' Warum:
Sie blühet, weil sie blühet.
Sie acht' nicht ihrer selbst,
fragt nicht, ob man sie siehet."
Angelus Silesius (1624-1677)

HISTORISCHE ROSEN

Ein kleiner Rundgang durch den Rosenhang Karben

Mehr als jede andere Blume hat die Rose seit eh und je die Gemüter beschäftigt. Zwar sind alle Blumen schön, jede auf ihre Art, aber Rosen, so heißt es, Rosen haben eine Seele. Schon bei den alten Griechen galt die Rose als Königin der Blumen. Als Symbol der Schönheit, der Vollkommenheit und der Liebe begegnet sie uns in der Malerei, in der Bildhauerei und in der Architektur – und das in den unterschiedlichsten Kulturkreisen der nördlichen Hemisphäre, denn nur hier auf der nördlichen Halbkugel ist die Rose wirklich zu Hause. Aber auch in der Musik und in der Dichtkunst hat man die Rose seit jeher gefühlvoll besungen.

Sicher hat der Duft wesentlich mitgeholfen, dass die Rose so beliebt werden konnte. Sogar eine Heilwirkung wurde ihr zugeschrieben. So spielte zum Beispiel die Apothekerrose, die Rosa gallica 'Officinalis', in der mittelalterlichen Medizin eine wichtige Rolle. Leider allerdings nicht nur in der Medizin, denn als "Red Rose of Lancaster" begegnet sie uns in den englischen Rosenkriegen von 1455 bis 1485. Gegner des Hauses Lancaster war das House of York, welches eine Alba-Rose, wahrscheinlich die 'Semiplena' als "White Rose of York" im Schilde führte. Als Henry Tudor diesen Krieg endlich nach 30 Jahren durch seine Heirat mit Elizabeth of York beenden konnte, wurde die weiß und rot blühende Damaszener Rose 'Versicolor' als Tudor-Rose "York and Lancaster" zum königlichen Emblem erhoben, und sie ist es heute noch. Ob das alles so stimmt, ist nicht ganz unumstritten, aber es hört sich gut an.

Aber kehren wir vom Krieg lieber zurück zum Duft. 'Suaveolens', die "Süßduftende", eine Schwester der erwähnten Alba-Rose 'Semiplena', und die Damaszener Rose 'Trigintipetala', die "Dreißigblättrige", die man auch als bulgarische Ölrose oder Rose von Kazanlyk bezeichnet, dienen ganz überwiegend zur kommerziellen Herstellung von Rosenöl. Etwa 3.000 kg Blütenblätter benötigt man zum Destillieren von 1 kg Rosenöl. Das muss man sich einmal vorstellen! Kein Wunder, dass das Rosenöl früher mit der 6fachen Menge Gold aufgewogen wurde. Die Anfänge der Rosenölgewinnung werden der indischen Prinzessin Nur Mahal zugeschrieben, die 1612 bei ihrer Hochzeit mit dem

linke Seite:
'Souvenir de la Malmaison'
Bourbon-Rose
Béluze 1843

links:
'Prince Camille de Rohan'
Remontant-Rose
E. Verdier 1861

rechts:
'Rose à Parfum de Grasse'
Damaszener Rose
unbekannter Herkunft

Großmogul Dschahangir über einen mit Rosenblättern bestreuten Teich gerudert wurde. Auf der Wasseroberfläche bemerkte sie einen gut duftenden öligen Film, den sie mit Baumwollwatte aufnehmen ließ. Nur Mahal war auch sonst recht clever, und fünf ihrer damaligen Mitbewerberinnen um die Gunst des Großmoguls starben kurz hintereinander "plötzlich und unerwartet". Für ihre Nichte Mumtaz wurde übrigens das berühmte Grabmal Tadsch Mahal in Agra erbaut. Reverend Pemberton, ein englischer Pastor und erfolgreicher Rosenzüchter widmete Nur Mahal eine gut duftende Moschus-Rose.

Moschus-Rosen

Moschus-Rosen gehören eigentlich nicht mehr zu den "Alten Rosen", aber zu den "Historischen Rosen" lassen sie sich schon noch zählen. Den Namen "Moschus-Rosen" verdanken sie der eher unscheinbaren Rosa moschata, und manchmal bezeichnet man sie auch als Pemberton-Hybriden, eben nach jenem Geistlichen, der in den zwanziger Jahren so erfolgreich mit seinen Rosenzüchtungen war, dass er schließlich seinen Pastor zugunsten seiner Rosen an den Nagel hängte. Ausgangspunkt für viele seiner Züchtungen war die 1904 vom deutschen Rosenpapst Peter Lambert herausgebrachte und nach seiner Heimatstadt benannte 'Trier'. Besonders schön sind 'Felicia', 'Penelope', **'Moonlight'**, 'Vanity' und 'Daybreak'. Sie sind zwar alle etwas frostempfindlich, blühen aber den ganzen Sommer über. Die in Deutschland gezüchteten Moschata-Hybriden bezeichnete man nach Peter Lambert auch als Lambertiana-Rosen. Hierzu gehören die 'Adrian Reverchon', 'Heideröslein', **'Heinrich Conrad Söth'** und Lamberts letzte Züchtung, die 'Mozart' von 1936.

Gallica-Rosen

Zu den eigentlichen "Alten Rosen" gehört in Europa vor allem die Essig-Rose oder **Rosa gallica**. Die vielen aus dieser Urform gezüchteten Sorten sind alle absolut winterhart und auch durch ihre Neigung, Ausläufer zu bilden, praktisch unverwüstlich. Von der erwähnten Apothekerrose, die schon im 14. Jahrhundert in Frankreich zu Heilzwecken angebaut wurde, gibt es einen munteren Sport mit rosa, rot und weiß gestreiften Blüten, die Rosa gallica 'Versicolor'. Als Sport bezeichnet man eine spontane Mutation, die bei Rosen infolge der mit ihnen betriebenen Inzucht gar nicht so selten beobachtet werden kann, und manche neue Sorte ist auf diese Weise gewissermaßen von selbst entstanden.

links:
'Moonlight'
Moschus-Rose
Pemberton 1913

rechts:
'Heinrich Conrad Söth'
Moschus-Rose
Lambert 1919

Bekannter ist die Rosa gallica 'Versicolor' unter dem Namen "Rosa Mundi", benannt nach Fayre Rosamond, der schönen Rosamunde. Sie war die Geliebte des englischen Königs Heinrich II, und sie starb bereits im Jahre 1176. Es kann vorkommen, dass die 'Versicolor' in die rote 'Officinalis' zurückschlägt. Auch 'Tuscany' ist sehr alt und immer noch eine der schönsten Gallica-Rosen. Die Engländer nennen sie "Old Velvet Rose", die alte Samtrose. Eine hübsche Arthybride der Rosa gallica ist die **'Complicata'**. Kompliziert ist sie überhaupt nicht. Ihren Namen verdankt sie ihren etwas verdrehten Blütenblättern. Bei der Frankfurter Rose, der 'Francofurtana', soll Rosa majalis, das Mairöschen, mitgemischt haben. Eine ihrer hübschesten Vertreterinnen ist 'Impératrice Joséphine'. Kaiserin Josephine war die erste Frau Napoleons, von der er sich wegen ihrer Kinderlosigkeit trennte, denn ein Thronfolger war ihm sehr wichtig. Josephine zog sich zurück auf ihr Schloss Malmaison bei Paris, wo sie sich ihren geliebten Blumen widmete. Vor allem aber legte sie eine umfassende Sammlung aller Rosensorten an, die seinerzeit zu haben waren. Das war vor etwa 200 Jahren, und die von ihrem Hofmaler Pierre Joseph Redouté angefertigten 169 detailgetreuen Rosenportraits gehören heute noch zum Schönsten und Besten, was je auf diesem Gebiet hervorgebracht wurde. Von Josephines Hobby gingen ungeheuer wichtige Impulse für die Züchtung neuer Sorten aus. Besonders natürlich in Frankreich, aber auch das verfeindete England, lieferte Rosen für Malmaison, und für Josephines Rosen wurde sogar die Kontinentalsperre außer Kraft gesetzt. Die Vereinigung der Freunde Alter Rosen in Frankreich hat sich vorgenommen, Malmaison wieder mit Alten Rosen aufzupflanzen, und dabei spielen natürlich die Gallica-Rosen, die man ja auch als "Französische Rosen" bezeichnet, eine besonders wichtige Rolle. Aber wer möchte auch schon verzichten wollen auf solche Schätzchen wie 'Violacea', **'Belle Isis'**, 'Cardinal de Richelieu', 'Charles de Mills' oder die mit einem besonders imponierenden Farbenspiel aufwartende 'Jenny Duval'?

links:
Rosa gallica 'Complicata'
Eine Naturhybride

rechts:
'Belle Isis'
Gallica-Rose
Parmentier um 1845

Achtung

Auch die älteste deutsche Rosenzüchtung ist, wie könnte es anders sein, natürlich eine Gallica. Die **'Perle von Weißenstein'** wurde 1773 vom Hofgärtner Daniel August Schwarzkopf im Park Weißenstein in Kassel erzielt, dem Vorgänger des heutigen Parks Wilhelmshöhe, der wieder zu den schönsten Rosarien Deutschlands zählt.

Damaszener Rosen

Unter Mitwirkung der Rosa gallica entstanden die **Damaszener Rosen**, die wohl aus dem östlichen Mittelmeerraum stammen. Auch sie blühen normalerweise nur einmal im Jahr, bis auf eine sehr wichtige Ausnahme: die sogenannte "herbstblühende Damaszener Rose", die nicht nur im Juni blüht, sondern bis zum Herbst ein paar Blüten nachschiebt. Schon die alten Römer hatten sie in ihren Gärten als "Rose von Paestum", und ihr wiederholtes Blühen wurde als so sensationell empfunden, dass man sie Rosa damascena **'Semperflorens'** oder auch 'Quatre Saisons' nannte, was natürlich maßlos übertrieben ist, denn sie blüht weder immerwährend noch zu allen vier Jahreszeiten.

Aber wie dem auch sei, es ist schon eine tolle Rose, und als Elternteil der späteren Portland-Rosen wurde sie sehr wichtig. Bleiben wir im Moment jedoch noch bei den einmalblühenden Damaszenern: da ist die uralte aber immer noch muntere 'Leda' mit ihren rotgesäumten weißen Blüten und ihre rosa Schwester 'Pink Leda', die bei genauem Hinsehen ebenfalls den roten Saum erkennen lässt. Als schönste weiße Rose überhaupt gilt vielen die **'Mme Hardy'** mit ihrem sogenannten grünen Auge. Aber auch die halbgefüllte 'Celsiana', die kräftig rote 'Duc de Cambridge', die üppige 'La Ville de Bruxelles' und schließlich die niedliche 'Petite Lisette', das kleine Lieschen, sind wunderschön. Und die als herbstblühende Damaszener Rose eingestufte 'Rose de Resht' ist eigentlich dauernd in Blüte.

oben rechts:
'Semperflorens'
('Quatre Saisons')
Rosa damascena bifera

links:
'Perle von Weißenstein'
Gallica-Rose
Schwartzkopf 1773

rechts:
'Mme Hardy'
Rosa damascena
Hardy 1832

Portland-Rosen

Die den Damaszener Rosen eng verwandte öfterblühende **Portland-Rose** wurde nach der englischen Herzogin von Portland benannt, die sich bei den damaligen Streitigkeiten zwischen England und Frankreich dafür eingesetzt hatte, dass das Embargo für Josephines Rosen ausnahmsweise ausgesetzt wurde. Klein aber fein ist diese Familie: 'Jacques Cartier' , 'Mme Boll', 'Miranda', 'Marbrée', 'Mme Knorr' und die manchmal auch den Remontant-Rosen zugeordnete 'Rose du Roi', eine Zufallskreuzung zwischen der Portland-Rose und der Apothekerrose, die damals, 1819, als Sensation empfunden wurde. Eigentlich sollte sie "Rose Lelieur" heißen, nach dem Grafen Lelieur, der in Frankreich so eine Art Oberhofgärtner war und sich gern ein Denkmal gesetzt haben wollte; aber dann gefiel sie König Ludwig XVIII so gut, dass man nicht daran vorbeikam, sie in 'Rose du Roi' umzutaufen. Warum man sich seinerzeit so sehr für diese Rose erwärmte, lässt sich heute nicht mehr so recht nachvollziehen.

Alba-Rosen

Die **Alba-Rose** soll aus einer natürlichen Kreuzung zwischen der Rosa canina, unserer Hundsrose, und der Damaszener Rose entstanden sein. Schon in der Antike wurde sie im Mittelmeerraum kultiviert, aber auch mit England wird sie oft in Zusammenhang gebracht. Alba-Rosen sind kerngesund und absolut winterhart. Auch sie blühen als echte "Alte Rosen" nur einmal, dafür allerdings relativ lange. Die Farbe der Blüten spielt im Bereich weiß bis rosa. Bei den Naturhybriden ist neben der schon erwähnten 'Semiplena', der "Weißen Rose von York", und der ebenfalls genannten 'Suaveolens', die in Bulgarien zu Rosenöl verwurstet wird, die 'Maxima' die dritte im Bunde. Aber es gibt auch eine Reihe wunderschöner Züchtungen: am ältesten, am bekanntesten und vielleicht auch am schönsten ist die seit dem 15. Jahrhundert kultivierte ***'Maiden's Blush'***. Dieses "jungfräuliche Erröten" kommt gleich in zwei Größen daher: als 'Great Maiden's Blush' und als 'Small Maiden's Blush'. Das zarte Rosa erinnert wirklich an ein errötendes junges Mädchen, und die Franzosen, die es ja gerne etwas erotischer mögen, nennen sie "Cuisse de Nymphie", was sich nach Langenscheidt mit "Oberschenkel einer Nymphe", übersetzen lässt; aber das klingt dann schon lange nicht mehr so gut. Manche alten Kataloge setzen sogar noch eins oben drauf und reden von der "Cuisse de Nymphe émue". Da ist die Nymphe dann schon etwas angetörnt...

links:
'Jacques Cartier'
Portland-Rose
Moreau-Robert 1868

rechts:
'Maiden's Blush'
Alba-Rose
15. Jahrhundert

Na ja, schöne Kinder haben bekanntlich viele Namen. Einer meiner erklärten Lieblinge ist 'Félicité Parmentier', und auch ihr kräftiger und frischer Duft ist ein Erlebnis. Etwas durchaus Königliches hat die 'Königin von Dänemark'. Sie gilt als einzige deutsche Alba-Züchtung. Ihre Mutter ist die 'Maiden's Blush'. 1826 kam sie über die Flottbeker Baumschule in den Handel, aber so deutsch ist sie eigentlich gar nicht, denn ihr Züchter, James Booth, war gebürtiger Schotte, und Flottbek bei Hamburg gehörte zu Altona, und Altona gehörte zu Holstein, und Holstein stand unter dänischer Verwaltung. Aber immerhin, Marie Sophie Friederike war "Dronningen av Danmark", und selbige stammte aus dem Hause Hessen-Kassel. Irgendwie war sie also doch ein bisschen deutsch, die Königin von Dänemark. Sehr schön sind auch 'Céleste', die Himmlische, und 'Chloris', die griechische Göttin der Blumen.

Die 'Princesse de Lamballe' war Oberhofmeisterin und beste Freundin von Marie Antoinette. Als sie nach ihrer gelungenen Flucht vor den Revolutionstruppen im sicheren London, dem vereinbarten Treffpunkt, von der missglückten Flucht des Königspaares erfuhr, kehrte sie loyal und freiwillig zurück nach Paris. Dort wurde sie im Gefängnis von einem besoffenen Sansculotte mit einem Säbelhieb erschlagen, weil sie sich standhaft geweigert hatte, ihrer Königin und Freundin abzuschwören.

Zentifolien

Die **Zentifolien**, d.h. die Hundertblättrigen, bilden eine weitere wichtige Gruppe der "Alten Rosen". Der Name bezieht sich auf die meist dicht gefüllten Blüten. Über ihre Herkunft sind sich die Gelehrten nicht richtig einig. Im 17. Jahrhundert tauchten sie in Holland auf, und wir kennen sie aus den Blumenstillleben der flämischen Meister. Deshalb gilt die Zentifolie auch als 'Rose des Peintres', als Rose der Maler. Besonderheiten bietet die 'Cristata', die mit ihren eigenartig bemoosten Knospen an den Dreispitz Napoleons erinnert und deswegen in Frankreich "Chapeau de Napoléon" heißt. Die 'Bullata' wird wegen ihrer blasig aufgewölbten Blätter als "Salatblattrose" bezeichnet. Sehr hübsche Zentifolien sind die **'Blanchefleur'**, die 'Gros Chou d'Hollande', die kleine 'Petite de Hollande', 'Fantin Latour' und die Mini-Sorten 'Rose de Meaux', die aus England stammende 'Spong' und 'Pompon de Bourgogne', die häufig mit der kleinblättrigen 'Parvifolia' verwechselt wird.

links:
'Belle Amour'
Alba-Rose
gefunden im Kloster Elboeuf

rechts:
'Blanchefleur'
Zentifolie
Vibert 1835

Moosrosen

Eine Mutation der Rosa centifolia ist die **Moosrose**, die Rosa centifolia **'*Muscosa*'**. Die Knospen, die Kelchblätter und die Blütenstiele sind mit drüsigen Borsten besetzt, die ein klebriges und angenehm würzig riechendes Harz absondern. Dieses oft dunkle oder gar bräunliche "Moos" steht häufig in hübschem Kontrast zu den Blüten, wie z.B. bei 'Blanche Moreau'. Diese Rose ist von Schultheis. "Gut duftend" steht im Katalog, und das stimmt. Man kann es aber auch anders formulieren. In ihrem nicht nur für Rosenfreunde höchst lesenswerten Buch "Begegnung mit Rosen" beschreibt Alma de l'Aigle den Duft der 'Blanche Moreau': "Neben dem Zentifolienduft ist noch ein anderer warmer harziger Duft da, als wenn man im Heidehaus Tannenzapfen verbrennt. Später wird er etwas melancholisch, so, als wenn man eine Schublade mit alten Erinnerungen aufzieht; etwas Zärtlicheres und Verwelktes schwebt heraus, auch der schwindende Hauch eines feinen Parfüms, eigentlich gar nicht wie bei einer frischblühenden Rose." Sie sehen, es geht auch anders.

Die Gruppe der Moosrosen ist wiederum sehr groß, und vor allem die Franzosen machten sich um neue Züchtungen verdient. Ein paar hübsche Beispiele sind 'Alfred da Dalmas', 'William Lobb', 'Gloire des Mousseux', 'James Veitch', 'Général Kléber', 'Sophie de Marsilly', 'Célina' und schließlich eine der wenigen einfach blühenden Moosrosen, die 'Goethe' von Peter Lambert. Die **'*Muscosa Alba*'** blühte schon in Malmaison, und so weiß ist sie gar nicht, wie man sieht. Für mich ist sie die Schönste. Aber gemach, in der Karbener Sammlung wetteifern noch viele weitere Sorten um Ihre Gunst. Die Moos-Zentifolien sind die letzte Gruppe der eigentlichen "Alten Rosen".

oben:
Rosa centifolia 'Muscosa'
Zentifolie
Mitteleuropa 17. Jahrhundert

links:
'Reine des Centfeuilles'
Zentifolie
Belgien 1824

rechts:
Rosa centifolia 'Muscosa Alba'
Zentifolie
Shailer 1788 (?)

China-Rosen

Vor etwa 200 Jahren brach in der europäischen Rosenwelt ein neues Zeitalter an. Schiffe der britischen East India Company brachten die ersten **China-Rosen** nach Europa. Das war nun wirklich eine Revolution, denn sie waren "immerblühend", d.h. zumindest im warmen Klima von Südchina: die Rosa chinensis 'Semperflorens' oder 'Old Crimson China' und die wichtigste von allen, die 'Parsons' Pink China' oder besser bekannt als 'Old Blush'. Ohne sie nämlich würde es unsere modernen sogenannten Edelrosen nicht geben. In der Literatur werden die China-Rosen manchmal auch Bengal-Rosen genannt, denn in Kalkutta im indischen Bengalen waren sie, wie man heute sagen würde, zwischengelagert worden. Aber das ist ein hässliches Wort im Zusammenhang mit Rosen. Außer der Öfterblütigkeit gab es nun auch neue Farben. Mit dem Duft allerdings war nicht allzu viel los, und mit der Frosthärte auch nicht.

Hier nun ein paar schöne Beispiele aus der Gruppe der Chinensis-Hybriden: 'Hermosa' heißt nicht nur hübsch, sie ist es auch. Oder die frühe und für spätere Weiterzüchtungen wichtige 'Fulgens', die auch unter dem Namen 'Malton' einmal sehr bekannt war. Dann 'Mme Laurette Messimy', deren kupfrig lachsfarbene Blütenblätter den Züchter Guillot an die Négligés der Romanheldinnen von Émile Zola erinnern – was sich aus einer Rose alles machen lässt – also wirklich! Die aparte 'Alice Hoffmann', gezüchtet von ihrem Vater Albert Hoffmann, vor hundertzehn Jahren Mitbegründer des Rosariums Sangerhausen, für Wessis lange fast unerreichbar, und immer noch die wichtigste Rosensammlung der Welt. Ihr sehr ähnlich die ebenfalls weinrote 'Sophie's Perpetual', deren etwas mysteriöse Herkunft einem russischen Grafen zugerechnet wird, und schließlich die fröhliche 'Mutabilis', die wegen ihrer sich ändernden Blütenfarben immer wieder bestaunt wird. Weil sie so bunt und auch etwas flattrig wirkt, bezeichnet man sie auch als Schmetterlingsrose.

Teerosen

Noch edlere Chinesinnen als die China-Rosen waren die **Teerosen**. Auch sie waren keine Wildrosen, sondern uralte Gartenformen, und auch sie kamen vor etwas 200 Jahren nach Europa, und zwar aus einer angeblich noch heute existierenden Pflanzenschule in Kanton namens Fa-Ti. Bei Fa-Ti dachten die Engländer natürlich sofort an ihren geliebten "Tea", und als dann auch noch jemand meinte, dass sie nach Tee duften, hatten sie ihren Namen weg: Tea Roses, how lovely!

links:
Rosa chinensis 'Semperflorens'
1789 aus China

rechts:
'Archiduc Joseph'
Teerose
Nabonnand 1892

Das war doch was, oder? Sie sind noch empfindlicher als die China-Rosen und daher im Freiland kaum anzutreffen. Aber für die Weiterzüchtung vor allem der Tee-Hybriden, unseren sogenannten Edelrosen, waren sie sehr wichtig. Nur zwei oder drei Sorten Teerosen wachsen in Karben: die dem österreichischen Erzherzog Josef gewidmete **'*Archiduc Joseph*'** – er war ein Rosenfreund mit gärtnerischen Ambitionen – , dann 'Fortune's Double Yellow', die aber im Karbener Winter stark zurückfriert, jedoch willig wieder austreibt, und schließlich 'Mme de Tartas', bei der ich allerdings Zweifel habe, ob sie es wirklich ist.

Noisette-Rosen

Aus der schon erwähnten über 1000 Jahre alten China-Rose 'Old Blush' und der Rosa moschata entstand Anfang des 19. Jahrhunderts in Amerika, in Charleston, Süd-Carolina, eine neue Rosenklasse, die **Noisette-Rose** **'*Champney's Pink Cluster*'**. Den Namen Noisette-Rose bekam die neue Familie von Philippe Noisette, einem eingewanderten Franzosen und Nachbarn John Champneys. Er schickte Sämlinge von 'Champney's Pink Cluster' an seinen Bruder in Paris. Der nämlich war Rosenfachmann, und aus den Sämlingen erzielte er die 'Blush Noisette'. Sein berühmter Kollege Jean Pierre Vibert benannte die 'Aimée Vibert' nach seinem hübschen Töchterchen. Seine Mutter hieß übrigens auch Aimée, und vielleicht wollte er beide ehren.

Die **'*Meteor*'** ist eine Noisette-Rose des k.u.k. österreich-ungarischen Forstmeisters und hochverdienten Rosenzüchters Rudolf Geschwind. Nicht Karben, sondern die Stadt Karpfen in der Slowakei, die damals zu Ungarn gehörte, war seine Hauptwirkungsstätte, von der heute leider nichts mehr übrig ist. Viele der von Geschwind erzielten Neuheiten wurden von der Rosenschule Lambert in Trier auf den Markt gebracht, weil man dort über das notwendige Instrumentarium verfügte, und manche dieser Geschwind-Rosen gelten heute als Lambert-Züchtungen. Auch in dieser edlen Zunft wurde also durchaus schonmal unter falscher Flagge gesegelt, und leider hat sich das bis heute nicht geändert. Nicht sehr fein. Sehr fein dagegen und für eine Noisette-Rose ungewöhnlich kräftig ist 'Mme Alfred Carrière'.

links:
'Champney's Pink Cluster'
Noisette-Rose
Champney 1810

rechts:
'Meteor'
Noisette-Rose
Geschwind 1887

Bourbon-Rosen

Auch an der Familie der **Bourbon-Rosen** ist die uralte 'Old Bush' beteiligt. Der andere Elternteil ist Rosa damascena bifera, die herbstblühende Damaszener Rose. Ihren Namen hat diese Rosenklasse von der Île de Bourbon im Indischen Ozean, die heute Réunion heißt. Die französischen Siedler pflegten ihre Felder mit Hecken aus diesen beiden Sorten zu umzäunen. Sie kamen sich näher, und so entstand die Zufallskreuzung 'Reine de l'Île de Bourbon', die bei uns als 'Bourbon Queen' bekannter ist. Mit dem amerikanischen Whisky hat sie nichts zu tun, außer vielleicht, dass sie ebenfalls sehr gut duftet.

Die Bourbon-Rosen stellen ein großes und vielseitiges Sortiment, und ihre Frostempfindlichkeit hält sich meist in Grenzen. Für viele die schönste Rose überhaupt ist die ***'Souvenir de la Malmaison'***, aber ihr fast einfach blühender Sport ***'Souvenir de St. Anne's'*** gefällt mir persönlich noch besser. Sie wurde in St. Anne's bei Dublin im Garten der Lady Ardilaun gefunden, und kein Geringerer als Graham Thomas sorgte dafür, dass 'Souvenir de St. Anne's' in Erinnerung geblieben ist. Die panaschierte 'Variegata di Bologna' ist eine der wenigen italienischen Züchtungen. Recht winterhart ist die hochbeinige 'Adam Messerich' von Peter Lambert, im Gegensatz zu der hübschen 'Boule de Neige', die in härteren Wintern ganz zurückfriert, aber sich dann erstaunlich schnell wieder aufbaut. Stachellos ist 'Zéphirine Drouhin'. Wer diese "windige" Schöne war, ist nicht verbürgt, aber sie riecht sehr gut und lässt sich sogar streicheln. Ein Sport von ihr, 'Martha' tauchte 1909 in Dänemark auf. Ungewöhnlich ist ihre ins Lachsrosa spielende Farbe. Die becherförmigen Blüten der 'Louise Odier' gelten als sehr typisch für "Alte Rosen", zu denen die Bourbon-Rosen ja eigentlich schon nicht mehr gehören. 'Mme Isaac Pereire' ist nach der Gattin eines Pariser Bankiers benannt – vielleicht eine subtilere Art, dem Kapital zu huldigen. ***'Zigeunerknabe'*** von Rudolf Geschwind bringt nach der Blüte wunderschöne Hagebutten, denn gerade die weniger gefüllten Blüten mit ihren freiliegenden Staubgefäßen laden besonders zum Bekrabbeltwerden durch Insekten ein.

links:
'Souvenir de St. Anne's'
Bourbon-Rose
G.S. Thomas 1916

rechts:
'Zigeunerknabe'
Bourbon-Rose
Geschwind 1909

Remontant-Rosen

Die **Remontant-Rosen** bilden die letzte Gruppe der historischen Rosen. Sie gelten als Vorgängerinnen unserer Teehybriden, und als "Bauernrosen" zierten sie die Gemüsegärten unserer Groß- und Urgroßeltern. Remontieren nannte man das zuverlässig wiederholte Blühen. Die Engländer bezeichnen sie als "Hybrid Perpetuals", was erstaunt, denn normalerweise sollen sie ja nicht zu Übertreibungen neigen. Ausgangspunkt für diese neue Klasse soll die schon erwähnte 'Rose du Roi' gewesen sein, aber auch die 'Gloire des Rosomanes' von 1825 gilt bei manchen Autoren als Urgroßmutter der Remontant-Rosen. Wie dem auch sei, die Anzahl der Vorfahren war ja inzwischen riesig geworden – Rosenzucht ist Inzucht – und es wurde immer schwieriger, das Erbgut untereinander abzugrenzen, so dass eine eindeutige Zuordnung zu einer bestimmten Klasse oft kaum mehr möglich war.

Die Resultate allerdings lassen sich auch heute durchaus noch sehen, wie die nachfolgenden Beispiele zeigen:

'Ulrich Brunner fils', 1882 von Levet
'Anna Scharsach', 1891 von Geschwind
'Baron Girod de l'Ain', 1897 von Reverchon
'Souvenier du Dr. Jamain', 1865 von Lacharme
'Frau Karl Druschki', 1901 von Lambert
'Empereur du Maroc', 1858 von Guinoisseau
'Thyra Hammerich', 1868 von Vilin
'Prince Camille de Rohan', 1861 von E. Verdier
'Mrs. John Laing', 1887 von Bennett

Henry Bennett war von Haus aus eigentlich Viehzüchter, und diesem Umstand ist es wohl zu verdanken, dass er bei der Züchtung seiner Rosen so planmäßig und selektiv vorging wie bei seinen Rindern. Einen seiner großen Erfolge widmete er jenem 'Heinrich Schultheis', der mit seinen in den damals führenden Rosenländern Frankreich und England gesammelten gärtnerischen Erfahrungen in seinem heimatlichen Steinfurth 1868 den kommerziellen Rosenanbau in der Wetterau begründete.

links:
'Mme Lauriol de Barny'
Bourbon-Rose
Trouillard 1868

rechts:
'Francois Arago'
Remontant-Rose
Trouillard 1858

Henry Bennett war es auch, der 1882 eine französische Züchtung, 'Mme Ferdinand Jamin' von Ledéchaux, für eine Ausstellung nach Baltimore schickte. Die Amerikaner fanden die etwas knallige Rose natürlich toll, aber ihr Name war ihnen viel zu kompliziert. Sie tauften sie kurzerhand um in 'American Beauty', und als solche machte sie in Amerika Furore. Sie wurde die "National Flower" des Staates Maryland, und auch heute noch ist sie hierzulande als 'American Beauty' im Handel.

Nach dem tragischen Tod von Lady Diana ging eine ihr gewidmete Rose 'Princess of Wales' durch die Presse, eine weiße Beetrose, die von Robert Harkness in England gezüchtet worden war. Sie ist indessen auch in der Rosenwelt nicht die erste 'Princess of Wales', und Lady Diana Spencer war ja auch schon immerhin die neunte. Die 'Princess of Wales' in Karben wurde schon 1871 von den Gebrüdern Laxton zu Ehren der Prinzessin Alexandra benannt, und auch sie ist heute noch wunderschön. Alexandra von Dänemark war die Frau des späteren Königs Edward VII von Großbritannien und Irland, und wie Lady Di war auch sie beim Volk außerordentlich beliebt. Mütterlicherseits entstammte Alexandra dem Hause Hessen-Kassel, unter dessen Herrschaft der Park Wilhelmshöhe geschaffen worden war. Dank der Initiative der Kasseler Rosenfreunde und hier vor allem des Ehepaars Hedi und Dr. Wernt Grimm beherbergt Wilhelmshöhe heute wieder eine sehr umfangreiche Sammlung "Alter Rosen" und Wildrosen.

Teehybriden

Fließend sind die Übergänge von den Remontant-Rosen zu den **Teehybriden**. Ursprünglich waren es mit Teerosen gekreuzte Remontant-Rosen, die als sogenannte Edelrosen am häufigsten in unseren Gärten anzutreffen sind. Wieso eigentlich Edelrosen? Irgend jemand hatte befunden, dass die noch ungeöffnete Blüte eine "edle" Form hat, d.h. mehr länglich als rundlich, und so blieb man dabei. Edel sei der Mensch, hilfreich und gut... "Edelrosen", das hörte sich gut an, und es klang auch irgendwie ein bisschen teurer. Als solche kamen sie in die Kataloge, und als solche werden sie noch immer bevorzugt gekauft.

*links:
'Mabel Morrison'
Remontant-Rose
Broughton 1878*

*rechts:
'Stellmacher'
eine "Strauchrose"
Tantau 1937*

'La France' war die Erste ihrer Klasse. Wohl eher ein Zufallssämling, wurde sie 1867 von der alten Rosenschule Guillot in Lyon vorgestellt. Sie wirkt als Pflanze etwas mickrig, aber ihre Blüte und vor allem auch ihr Duft gehören immer noch zum Besten, was die mittlerweile kaum noch überschaubare Rosenwelt zu bieten hat. Und dieser Guillot war auch ganz bestimmt nicht der Erfinder der Guillotine!

Als "klassische" Teehybriden gelten 'Lady Mary Fitzwilliam', ein weiterer Erfolg des Engländers Henry Bennett, und eine ihrer vielen Nachkommen, **'Kaiserin Auguste Viktoria'** von Peter Lambert. Diese letzte deutsche Kaiserin war selbst eine große Rosenfreundin, und ihre Statue zierte das Rosarium Sangerhausen solange, bis sie den Betonkommunisten nicht mehr ins Weltbild passte. Sie hatte zu verschwinden, und das tat sie dann auch. Zu nächtlicher Stunde wurde vor ihrem Sockel ein Grab ausgehoben, in welchem sie behutsam zur Ruhe gebettet wurde, und am nächsten Morgen wusste natürlich niemand, wo sie abgeblieben war. Ihre letzte Ruhe war es indessen nicht, denn seit der Wende lächelt sie wieder hoheitsvoll und milde von ihrem Sockel herab.

Eine ganze Dynastie von Nachkommen hatte 'Ophelia', die 1912 bei William Paul in England auftauchte, aber möglicherweise von Pernet-Ducher aus Frankreich stammt. Zu ihren Kindern und Enkeln gehören so berühmte Schönheiten wie 'Madam Butterfly', 'Comtesse Vandal' und 'Joanna Hill'.

Aber auch ein paar alte Schätzchen deutscher Provenienz wie 'Gruß an Coburg' und 'Freiburg II' überzeugen heute noch, und man fragt sich, warum sie aus unseren Gärten verschwunden sind.

links:
'La France'
Teehybride
Guillot 1867

rechts:
'Kaiserin Auguste Viktoria'
Teehybride
Lambert 1891

Polyantha-Rosen

Etwas weniger hoch im Ansehen stehen die **Polyantha-Rosen**, die mit Hilfe der ostasiatischen Multiflora entstanden sind. Beide Namen bedeuten dasselbe, nämlich vielblumig, und darin besteht ihr besonderer Wert. Aber auch die Rosa chinensis war wieder mit von der Partie. Frühe Beispiele sind 'Schneewittchen 01' und 'Katharina Zeimet' von Lambert, 'Rotkäppchen' von Geschwind und die fast gleichaltrige 'Marie Pavic' von Alégatière, benannt nach der Rosenkönigin von Zagreb, dann die hübsche 'Mevrouw Nathalie Nypels' von Leenders und die für die weitere Züchtung überaus ergiebige 'Orléans Rose' von Levavasseur.

Besonders gut gefällt mir die ***'Gruß an Aachen'***, die David Austin, der Vater der Englischen Rosen, die ja erst in den letzten vierzig Jahren geboren wurden, schon als eine Englische Rose bezeichnet. Das ist ein großes Kompliment aus berufenem Munde, denn die 'Gruß an Aachen' wurde bereits 1908 in Deutschland von Hinner gezüchtet und von Geduldig auf den Markt gebracht. Sie duftet sogar, ganz im Gegensatz zu den meisten Schwestern aus ihrer Klasse.

Wildrosen

Last but not least sollten die **Wildrosen** nicht vergessen werden und die vielen schönen Hybriden, die mit ihnen erzielt wurden. In unseren Breiten begegnet man der Rosa canina, der Hundsrose, am häufigsten. Eine sehr hübsche Arthybride ist die 'Canina von Kiese' mit ihren kräftig hellroten Blüten, die eigentlich nur als Pfropfunterlage gedacht war. Auch die Hechtrose, die Rosa rubrifolia oder glauca trifft man hin und wieder in der freien Natur. Ihre Blüten sind eher unscheinbar, aber dafür hat sie besonders schönes Laub. Die oft dornenlose Rosa pendulina oder alpina finden wir als Alpenheckenrose in den Bergen. Ihre Blüten sind kräftiger rosa, manchmal rot, und die Hagebutten hängen nach unten. An den nördlichen Gestaden ist es die Dünenrose, die Rosa pimpinellifolia,

oben:
'Nigrette'
Teehybride
Krause 1933

links:
'Gloire des Polyantha'
Polyantha-Rose
Guillot 1887

rechts:
'Gruß an Aachen'
Polyantha-Rose (?)
Hinner/Geduldig 1909

die bibernellblättrige Rose mit ihren schwärzlichen Hagebutten. Besonders die Schotten haben mit ihr schon vor 200 Jahren schöne Erfolge durch Auswahl erzielt, und Sorten wie 'Staffa', 'Single Red', 'Williams Double Yellow' oder 'Glory of Edzell' sind schon sehr alt. Heutzutage gilt die Rosa rugosa als Dünenrose, die an den Küsten die Rosa pimpinellifolia weitgehend verdrängt hat.

In Amerika, in New York, entstand 1830 die Zufallskreuzung ***Rosa x harisonii***, die als "Yellow Rose of Texas" die Siedler in den Wilden Westen begleitete. Eine von mir sehr geschätzte Besonderheit unter den Pimpinellifolia-Hybriden ist die 'Stanwell Perpetual' von 1838, bei der ganz offensichtlich – man kann es riechen – eine Damaszener Rose mit im Spiel war. Ihre hübschen Blüten erscheinen immer wieder bis zum Frost. In Deutschland züchtete Wilhelm Kordes die schneeweiße 'Karl Foerster'.

Verwandt mit der Rosa pimpinellifolia oder spinosissima, wie sie früher hieß, sind angeblich die aus Kleinasien stammenden Sorten der Rosa foetida und die Rosa hugonis, das chinesische Goldröschen, welches durch Pater Hugo, einen englischen Missionar, 1899 aus China nach England kam.

Rosa foetida heißt "stinkende Rose". Ein schrecklicher Name. Angeblich soll sie nach Wanzen riechen, aber ich kenne mich da nicht so aus. Aus der Türkei kam sie nach Österreich, und schon im 16. Jahrhundert gelangte sie durch Clusius nach England, wo sie noch heute unter dem volkstümlichen Namen "Austrian Yellow" bekannt ist. Bei uns heißt sie Fuchsrose. Ihre noch schönere Schwester ist die Kapuzinerrose, Rosa foetida ***'Bicolor'*** oder "Austrian Copper". Außen kräftig gelb und innen kupferrot sind die auffälligen zweifarbigen Blüten. Die dritte Sorte ist die Rosa foetida 'Persiana' oder "Persian Yellow". Diese drei Wildrosen sind dafür verantwortlich, dass die Farbtöne gelb und orange bei den Teehybriden Einzug hielten. Lange hatte sich der französische Züchter Pernet-Ducher in Lyon vergeblich bemüht, bis er 1900 endlich seine 'Soleil d'Or', seine "goldene Sonne" vorstellen konnte. Bereits 1894 hatte der deutsche Arzt und Hobbyzüchter Dr. Müller eine aprikosengelbe Rose mit der 'Persiana' erzielt, aber erst 1902 kam sie als 'Gottfried Keller' über die Rosenschule Froebel in Zürich auf den Markt, und das war leider zwei Jahre zu spät, um noch als besonderer Hit empfunden zu werden.

links:
Rosa x harisonii
Harison 1830
"The Yellow Rose of Texas"

rechts:
Rosa foetida 'Bicolor'
"Austrian Copper"

Dafür aber war Dr. Müllers Erfolg mit der Rugosa-Hybride 'Conrad Ferdinand Meyer' umso größer. Diese Rose war ein Ereignis, und sie ist es auch heute noch. Ihre großen, gefüllten hellrosa Blüten werden zum Herbst hin immer schöner, und ihr Duft erinnert an die legendäre und unübertroffene 'La France'. Allerdings hat sie derart bestialische Stacheln, dass man am besten Boxhandschuhe anzieht, wenn man sich näher mit ihr beschäftigt. Die Wildformen der Rosa rugosa sind in Nordost-China, Nord-Japan und auf der sibirischen Halbinsel Kamtschatka zu Hause. Sie duften gut, blühen unermüdlich und bilden schöne dicke Hagebutten. Wir nennen die Rugosa Kartoffelrose, wegen des runzligen Laubes, und sie begegnet uns überall im sogenannten öffentlichen Grün und sogar als Mittelstreifenbepflanzung auf der Autobahn. Ein schrecklicher Standort, aber Dreck, Krach, Abgase und Streusalz scheinen ihr nichts anhaben zu können.

Besonders schöne Rugosa-Hybriden sind **'Carmen'**, 'Fürstin von Pless' und 'Schneezwerg', alle übrigens von Peter Lambert, aber auch 'Agnes' aus Kanada und 'Blanc Double de Coubert' und die Nelkenrose 'Fimbriata' aus Frankreich. Rugosa-Kreuzungen sind sehr unterschiedlich in ihrem Erscheinungsbild, weil sie sich ziemlich problemlos mit den verschiedensten Partnerrosen verheiraten lassen.

Lord Penzance, ein richtiger englischer Lord, arbeitete vor allem mit der Rosa rubiginosa, die in England "Sweet Briar" heißt. Wir nennen sie Apfelrose, weil ihr Laub mal mehr mal weniger nach frischen grünen Granny-Smith-Äpfeln duftet, besonders nach einem Regen. Lord Penzance züchtete z.B. 'Amy Robsart', 'Anne of Geierstein', 'Greenmantle', 'Meg Merrilies' und 'Julia Mannering'. Unbekannter Herkunft sind 'Janet's Pride', wahrscheinlich identisch mit der alten 'Clementine', die uralte 'Manning's Blush' und 'La Belle Distinguée'. 1916 brachte die deutsche Baumschule Hesse einen unbekannten Rubiginosa-Sämling unter dem Namen 'Magnifica' heraus, und mit ihrer Hilfe erzielte Kordes die besonders schöne **'Fritz Nobis'**.

links:
'Soleil d'Or'
Lutea-Hybride
Pernet-Ducher 1900

rechts:
'Carmen'
Rugosa-Hybride
Lambert 1906

Das sind soweit die für die Kreuzung wichtigsten Wildrosen. Reine Wildformen, besonders bei den Bienen sehr beliebt, sind

Rosa californica 'Plena' aus Amerika,

Rosa glutinosa aus dem östlichen Mittelmeerraum,

Rosa hibernica aus Irland, die aber heute in der freien Natur nicht mehr vorkommt,

Rosa stellata 'Mirifica', die "Stachelbeerrose" oder Sacramento-Rose aus Neu-Mexiko,

Rosa nitida, die an der nordamerikanischen Ostküste beheimatete Glanzrose,

Rosa x richardii, die oft in der Nähe koptischer Kirchen in Äthiopien gefundene "Rosa sancta", die in ihrer Heimat wahrscheinlich bald den Ziegen zum Opfer gefallen sein wird,

Rosa roxburghii aus China, die ihre Rinde abwirft und deren stachelige Hagebutten an Kastanien erinnern, und

Rosa villosa 'Duplex', die alte "Wolley-Dod's Rose" aus England, möglicherweise doch eine Gartenform.

Das waren jetzt alles in allem etwa 170 Rosen aus den insgesamt 700 Sorten, die auf dem Rosenhang in Klein-Karben anzutreffen sind, und es könnte gut sein, dass Sie gerade eine Rose besonders schön finden, die hier nicht vorgestellt wurde. Schauen Sie selbst nach. Die Anlage ist frei zugänglich. Aber bringen Sie sich Zeit mit und, falls es nass sein sollte, ein Paar alte Schuhe.

links:
'Jeannie Deans'
Rubiginosa-Hybride
Lord Penzance 1895

rechts:
'Fritz Nobis'
Rubiginosa-Hybride
Kordes 1940

DER ROSENHANG

Wie es überhaupt dazu kam...

Wo heute der Rosenhang ist, war früher, sehr viel früher, ein großes Loch. Brauns Loch, so heißt die Flurbezeichnung auf alten Karten. Die Kärber nannten es Laamekaut, also Lehmgrube. So nämlich war das Loch entstanden. Als man sich noch darauf verstand, Fachwerkhäuser zu bauen, war Lehm ein begehrtes Baumaterial. Die Gefache wurden mit einem Geflecht aus Weidenruten ausgefüllt und dann innen und außen mit einer Pampe aus Lehm und gehäckseltem Stroh verputzt. Ein wunderbares und atmendes Isoliermaterial. Auch die Ziegelbäcker brannten ihre Ziegel aus Lehm und Ton.

Nachdem Lehm als Baumaterial schließlich nicht mehr gefragt war, begann man damit, das große Loch mit Müll und Schutt zu füllen, und Jahrzehnte später war das Loch voll. Man schob eine Schicht Mutterboden darüber, Lößlehm also, die von Rüben und Rosen so sehr geliebte Wetterauer Heimaterde. Man pflanzte ein paar Bäume und Ziergehölze, auch übrigens Rosen, die heute größtenteils verwildert sind, und ansonsten ließ man das Gras wachsen. Nur zweimal im Jahr wurde die Wiese gemäht. Nach und nach entstand auf der ehemaligen Lehmgrube ein wertvolles Biotop, ein Lebensraum für Insekten, Kleinlebewesen und Vögel. Für die Besucher stellte man Bänke auf, und so hatte man schließlich einen hübschen kleinen Park.

Auf solch einer Bank saß ich einmal und dachte dabei an meine Rosen. Ich dachte damals viel an meine Rosen, denn ich hatte mir eine heftige Roseninfektion eingefangen. Das kam so: Nach der Wende hatten wir Besuch von Freunden aus Ost-Berlin, und die hatten den dringenden Wunsch, endlich mal an den Rhein zu fahren. Das konnte ich gut verstehen, denn mein großer Wunsch damals war ein Besuch bei meiner Freundin Uta im Naumburger Dom. Wir fuhren also mit unseren Ossis Richtung Rüdesheim, weil man da den Rhein besonders laut besingt. Aber wir kamen gar nicht bis Rüdesheim, sondern blieben in Eltville hängen. Es war nämlich Juni, der Rosenmonat Juni, und im alten Gemäuer der Burgruine blühten die Rosen, und zwar die Alten Rosen. Ich war fasziniert von Louise Odier, Reine Victoria, La France und Co., und zu dieser Faszination trugen auch die Namensschildchen mit den alten Jahreszahlen bei. Ich war hin und weg.

Achtung
Jungpflanze
Achtung
Jungpflanze

Ich begann zu lesen. Das Angebot an Rosenbüchern war damals noch vergleichsweise überschaubar. Dafür gab es bei Schultheis in Steinfurth und bei Jensen in Glücksburg wunderschöne Rosenkataloge. Es war zum Verrücktwerden. Die Kataloge taten ihre Wirkung, und ich begann zu kaufen. Es kamen immer noch welche dazu, und bald liefen die Rosen mit mir aus dem Ruder. Aber nicht nur in meinen Gedanken, sondern auch in meinem kleinen Garten, in welchem es immer enger wurde. Und so saß ich schließlich auf der besagten Bank und malte mir aus, wie schön es doch sein könnte, so viel Platz für Rosen zu haben…

Der Gedanke ließ mich nicht los, und eines Tages setzte ich mich hin und schrieb einen Brief an die Stadt. Natürlich sollte alles auf eigene Kosten geschehen, und auch um die Pflege wollte ich mich selbst kümmern. Große Worte sprach ich gelassen aus. Die Stadt Karben reagierte angenehm unkompliziert, und so nahmen die Dinge ihren Lauf. Das war vor zwanzig Jahren. Die durchaus vorhandenen Unterschiede zwischen Theorie und Praxis sind mir immer bewusster geworden. Auch bin ich selbst nicht jünger geworden, und ohne Hilfe geht mittlerweile nichts mehr. Unterm Strich ist der Rosenhang also auch einer gewissen Blauäugigkeit geschuldet, ohne die es ihn heute nicht geben würde, was eine inzwischen beträchtliche Fangemeinde mit Sicherheit heftig bedauern würde.

ROSENHANG KARBEN
Büdesheimer Straße
am Parkplatz unterhalb des Friedhofs Klein-Karben

Auskünfte erhalten Sie gerne von:
Ralf Berster, Lindenweg 8, 61184 Karben
Telefon: 06039 - 43 349, Email: ralf.berster@web.de

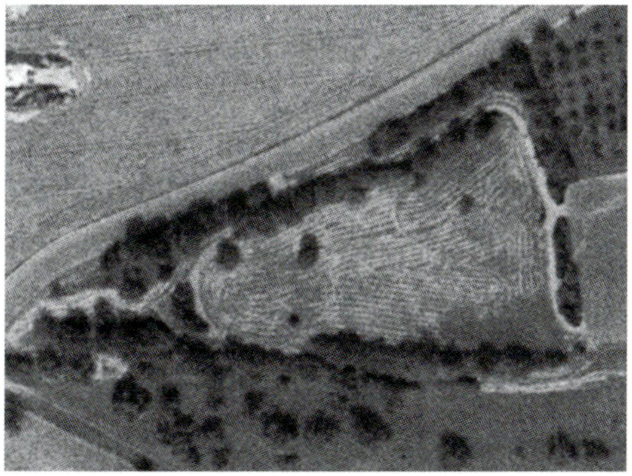

Luftbild links:
Hessisches Landesamt
für Bodenmanagement und
Geoinformation
21.07.1989

Luftbild rechts:
Hessisches Landesamt
für Bodenmanagement und
Geoinformation
18.08.2012

Ein begeisterter Rosen-Freund dichtete diese launigen Verse nach einem Besuch des Rosenhangs.

Verse für Rosenverehrer

Sind Blumenfreunde solche Wesen,
die außerdem Gedichte lesen?
Falls ja, dann könnte es passieren,
dass sie den Text hier laut studieren,
um sich zu testen, zu befragen
in puncto Lyrik und Betragen.

Dabei wird gleich darauf verwiesen,
ein grünes Kleinod zu genießen
im Herzen Hessens, in Klein-Karben:
Ab Juni grüßt die Flut der Farben
dort stets und darf in edlen Tönen
die Königin der Gärten krönen.

Weit über 700 Arten,
die neuen und die schon bejahrten,
sind angesammelt nah zu sehen,
wo ihre Düfte magisch wehen.
Kein Zaun sperrt aus. Man traut den Gästen.
Die Pilgerschar zählt zu den besten.

Sie weiß, dass diese Wunder stechen.
Es ist nicht gut, sie abzubrechen ...
Der Schnöde hat etwas zum Schneiden:
Nein, lass das, bitte! Sonst beneiden
die Ehrlichen dich um die Schere,
vergessen Anstand, Zucht und Ehre,

wenn sie vor welken Sträußen darben
und wiederkehren nach Klein-Karben
zum ROSENHANG, wo all die schönen
Entzückenden uns reich verwöhnen.
Kein Zaun sperrt aus. Man traut den Gästen.
Die Pilgerschar zählt zu den besten.

Wolf Richard Kallenbach

DIE ROSENLISTE

Historische Strauch- und Wildrosen im Rosenhang

Angelegt wurde der Rosenhang in Karben vor zwanzig Jahren. 1993 wurden die ersten Sorten gepflanzt. Die damals für die südliche Wetterau typischen milden Winter wurden in den letzten Jahren durch eine Serie vergleichsweise strenger Winter abgelöst. Etliche der erwähnten Rosen, vor allem die etwas zarter besaiteten mit „Chinablut“ sind leider diesem Umstand zum Opfer gefallen. Im Fachhandel sind sie aber (noch) zu haben und bei entsprechendem Winterschutz durchaus lebensfähig und pflegenswürdig.

Abkürzungen der Rosenklassen

Alba	Rosa alba oder Weiße Rose
Alp.	Rosa alpina (pendulina oder Bergheckenrose)
Borb.	Rosa borbonica oder Bourbonrose
Can.	Rosa canina oder Hundsrose
Cent.	Rosa centifolia oder Kohlrose
Chin.	Rosa indica semperflorens oder China- oder Bengal-Rose
Dam.	Rosa damascena oder Damaszener Rose
Gall.	Rosa gallica oder Essigrose
Lut.	Rosa lutea oder Fuchsrose oder Türkische Rose
Macr.	Rosa macrantha
Mosch.	Rosa moschata oder Moschusrose
Moyes.	Rosa moyesii oder Mandarinrose
Mult.	Rosa multiflora oder Vielbütige Rose
Musc.	Rosa centifolia muscosa oder Moosrose
Nois.	Rosa indica noisetteana oder Noisette-Rose
Pimp.	Rosa pimpinellifolia (spinosissima) oder Bibernell- oder Dünenrose
Pol.	Polyantharosen
Portl.	Portland-Rosen
RH	Rosa hybrida bifera oder Remontantrosen
Rubig.	Rosa rubigionosa (eglanteria) oder Apfelrose (Weinrose)
Rug.	Rosa rugosa der Kartoffelrose
Setig.	Rosa setigera oder Prairierose
T	Rosa indica fragrans oder Teerose
TH	Tee-Hybriden (Edelrosen)
Wich.	Rosa wichuraiana

links:
Die römischen Ziffern auf den eingelassenen Bodenplatten dienen der leichteren Orientierung. Sie bezeichnen die jeweils aus drei Reihen bestehenden Felder zwischen den Querwegen.

rechts:
Die Schilder geben Auskunft über Name, Familie, Züchter und Jahr der Einführung.

	Sorte oder Art	Züchter oder Einführer	Klasse	Blütenfarbe	Standort
A	achburensis	aus Russland	Can.	rosaweiß	AZ 1 A
	acicularis (Nadelrose, arktische Rose)	Nord-Amerika/-Europa/-Asien		leuchtend rosa	AZ 41 A
	Adam Messerich	Lambert 1920	Borb.	hellrosa	40 B
	Adélaide d'Orléans	Jacques um 1830	Semp.	hellrosa	A 39 A
	Adèle Prévost	(Frankreich 18..)	Gall.	rosarot	Z 1 A
	Adiantifolia	Cochet 1907	Rug.	weiß	Z 21 E
	Adrian Reverchon	Lambert 1909	Mosch.	rosa, Mitte weiß	Z 42 C
	Agatha	? 1818	Gall. fr.	lilarot	12 L
	Agathe Fatima	? 1820	Gall.	rosa	16 G
	Agathe Incarnata	(Frankreich vor 1815)	Gall.	rosaweiß	18 H
	Agnes	Dr. Saunders 1922	Rug.	bernsteingelb	24 A
	Aimable Amie	Pronville 18..	Gall.	dunkelrosa	26 E
	Aimable Rouge	Godefroy vor 1845	Gall.	rotviolett	9 D
	Aimée Vibert	Vibert 1828	Nois.	weiß	12 B
	Alain Blanchard	Vibert 1829	Cent.	rotviolett	29 D
	Albert Edwards	Hillier 1938	Pimp.	gelblich weiß	41 A
	Albert La Blotais	Moreau-Robert 1881	RH	dunkelrot	6 C
	Albertine	Barbier 1921	Luciae	lachsrosa	A 26 A
	Alcime	Moreau-Robert 1861	Musc.	purpurrot	48 B
	Alexandre Laquement	(Roseraie de L'Haÿ?)	Gall.	violettrosa	38 C
	Alfred Colomb	Lacharme 1865	RH rot	rot	14 G
	Alfred de Dalmas	Portemer 1855	Musc.	rosaweiß	3 F
	Alice Hoffmann	Hoffmann 1897	Chin.	weinrot mit rosa	Z 13 F
	Alika	Hansen 1906	Gall.	rot	Z 17 D
	Ambroise Paré	Vibert 1846	Gall.	purpurrot	5 F
	Amelia	Vibert 1823	Alba	rosa	Z 22 D
	American Beauty	Lédéchaux 1875	RH	dunkelrosa	15 D
	American Pillar	van Fleet 1902	Wich./Setig.H.	hellrot, Mitte weiß	AZ 6 A
	Amy Robsart	Lord Penzance 1894	Rubig.	dunkelrosa	Z 17 A
	Anais Ségalas	Vibert 1837	Gall.	lilarot	Z 13 C
	Anatole	L. Noisette 1827	Gall. fr.	lebhaft rot	Z 9 A / 11 A
	Andenken an Alma de L'Aigle	Kordes 1948 / Wohlt 1955	Mosch.	lachsrosa	3 N
	'Andersonii' (Rosa x Andersonii)	Hillier 1912	Can.	lachsrosa	Z 34 C
	André Leroy d'Angers	Trouillard 1866	RH	dunkelviolett	Z 22 I
	Andreas Hofer	„Chotek-Rose" Graf Gudenus	Str.	rot	19 F/G
	'Andrewsii' (Rosa centifolia 'Muscosa Simplex')	? 1807	Musc.	dunkelrosa	4 C
	Angélique Quétier	Quétier 1839	Musc.	violettrosa	41 C
	Anna de Diesbach	Lacharme 1859	RH	dunkelrosa	13 E
	Anna Maria de Montravel	Rambaux 1879	Chin.	weiß	31 F
	Anna Scharsach	Geschwind 1890	RH	rosa	Z 5 H
	Ännchen von Tharau	Geschwind 1886	Mult.	weiß	A 41 A
	Anne of Geierstein	Lord Penzance 1894	Rubig.	dunkelrot	Z 10 H
	Annie Vibert	??	Nois.	weiß	A 20 D
	Antonia d'Ormois	(Roseraie de L'Haÿ?)	Gall.	zartrosa	5 B
	Archiduc Joseph	Nabonnand 1892	T	kupfrigrosa	9 G
	Archiduchesse Elisabeth d'Autriche	Moreau-Robert 1881	RH	hellrosa	29 E
	Ardoisée de Lyon	Damaizin/Plantier 1858	RH	purpurrosa	5 L
	Arethusa	W. Paul 1903	Chin.	hellgelb	Z 2 D
	Aristide Briand	Penny 1928	Wich.	violettrosa	A 24 A
	Arndt	Lambert 1913	Lamb.	hellrosa	AZ 6 B/C
	Arrillaga	Schoener 1929	RH	gelblichrosa	A 15 G
	Arthur de Sansal	Sc. Cochet 1855	RH	purpurrot	40 E
	Assemblage des Beautés	(in Angers 1823)	Gall.	purpurrot	Z 6 M
	Asta von Parpart	Geschwind 1909	Mult.	purpurkamrin	A 29 A

	Sorte oder Art	Züchter oder Einführer	Klasse	Blütenfarbe	Standort
	"Aurelia Hubmann" (N.N.)	gefunden Weißensee/Kärnten	Gall.?	lilarosa	A 16 H
	Aurelia Liffa	Geschwind 1886	Setig.	scharlachkarmin	AZ 30 A
	"Austrian Copper" (rosa foetida 'Bicolor')	Clusius um 1590	Lut.	kupferrot, Rückseite gelb	34 C
	"Austrian Yellow" (Rosa foetida)	(Klein-Asien 1583)	Lut.	dunkelgelb	Z 10 A
B	Ballerina	Pemberton/Bentall 1937	Mosch.	rosa mit weiß	Z 22 K
	Baron de Bonstetten	Liabaud 1871	RH	dunkelrot	32 E
	Baron de Wassenaer	V. Verdier 1854	Musc.	violettrosa	9 B
	Baron Girod de l'Ain (Sport)	(ex Schultheis)	RH	rot mit weiß	8 D
	Baron Girod de l'Ain	Reverchon 1897	RH	rot mit weißem Schaum	Z 2 K
	Baron Gonella	Guillot 1859	Borb.	lilarosa	39 C
	Baronne Prévost	Desprez/Cochet 1842	RH	dunkelrosa	16 K
	Baroness Rothschild	Pernet Père 1868	RH	seidig rosa	7 K
	Beauty of Rosemawr	Conard & Jones 1903	Chin.	dunkelrosa	Z 6 G
	Belle Amour	(Kloster Elboeuf)	Alba?	hell orangerosa	22 A
	Belle de Crécy	Roeser vor 1848	Gall.	violettpurpur	Z 9 G
	Belle des Jardins	Guillot Fils 1872	Gall.	purpurviolett mit weiß	Z 1 G
	Belle Doria	??	Gall.	hellviolett mit weiß	Z 26 I
	Belle Hélène	Decemet vor 1815	Gall.	lilarosa	4 I
	Belle Herminie	Coquerel 1819	Gall.	rosa	A 50 A
	Belle Isis	Parmentier um 1845	Gall.	weißrosa	49 B
	Belle Poitevine	Bruant 1894	Rug.	hell purpurrot	Z 2 A
	Belle sans Flatterie	Godefroy um 1820	Gall	violettrosa	14 K
	Belle Sultane	?? (ex Weingart)	Gall.	rosa	Z 34 D
	Ben Cant	? 1901	RH	dunkelrot	Z 45 C
	Bérénice	Vibert 1818	Gall.	rosarot	A 50 E
	Bernard	Frankreich vor 1846	Dam.	hellrosa	Z 14 C
	Best Wishes	Chessum 1996	Kl. R.	rot und gelb	24 D/E
	'Bicolor' = Rosa foetida 'Bicolor' - siehe "Austrian Copper"				34 C
	Bicolore Incomparable	Touvais 1861	Gall. od. Musc.	zartrosa - Mitte dunkelrot	A 49 D
	Bijou des Prairies	Burgess/Schwartz 1880	Setig.	weißrosa	Z 10 B
	Birdie Blye	van Fleet 1904	Mult.	dunkelrosa	Z 40 B
	Bishop Darlington	Thomas 1926	Mult.	dunkelrosa	Z 29 C
	Blairii Nr. 2	Blair 1845	Borb.	zartrosa, Mitte rosa	9 A
	Blanc double de Coubert	Cochet-Cochet 1892	Rug.	weiß	18 B
	Blanche de Belgique	Vibert 1817	Alba	weiß	39 B
	Blanche Moreau	Moreau-Robert 1880	Musc.	rahmweiß	Z 10 C
	Blanche Mousseuse (Sangerhausen)	Shailer um 1850	Musc.	weiß	AZ 22 L
	Blanchefleur	Vibert 1835	Cent.?	weiß	17 D
	Bloomfield Abundance	Thomas 1920	Chin.?	lachsrosa	Z 5 A
	Blush Damask	England vor 1759	Dam.?	lilarosa	33 B
	Blush Hip	um 1840	Alba	zart rosa	7 A
	Blush Noisette	Noisette vor 1817	Nois.	rosaweiß	16 A
	Bonnie Jean	Archer 1933	TH	rellrot + weiß	A 7 D
	Botzaris	Frankreich vor 1856	Dam.	cremeweiß	50 B
	Bougainville	Vibert 1822	Nois.	dunkelrosa	Z 42 F
	Boule de Neige	Lacharme 1867	Borb.	rahmweiß	25 E
	Bouquet d'Or	Ducher 1872	Nois.	kupfrig lachsgelb	Z 9 H + A 40 F
	Bourbon Queen	Bréon/Mauget 1834	Borb.	rosa marmoriert	40 A
	Brennus	Laffay 1830	Gall.	dunkelrotviolett	3 E
	Buff Beauty	Pemberton/Bentall 1939	Mosch.	apricotgelb	Z 5 I
	'Bullata' = Rosa centifolia 'Bullata' (Salatblattrose) um 1801		Cent.	dunkelrosa	28 D
C	Café	Kordes/McGredy 1956	Pol.	brauncreme	Z 30 E
	californica 'Plena'	Geschwind 1894?		dunkelrosa	Z 13 A
	Callisto	Pemberton 1920	Mosch.	gelbweiß	14 A/B

	Sorte oder Art	Züchter oder Einführer	Klasse	Blütenfarbe	Standort
	Camaieux	Vibert 1830	Gall.	violettrosa, weiß gestreift	25 D
	Canary Bird	W. Paul 1911	Rubig.	gelblichweiß	45 A
	Canary Bird	aus China	Xanth.	leuchtend gelb	Z 1 H
	Canina von Kiese	Kiese 1910		hellrot	11 C
	Captain Christy	Lacharme 1873	RH	hellrosa	2 G
	Captain Hayward	Bennett 1893	RH	rosarot	20 E
	Captain John Ingram	Laffay 1855	Musc.	dunkelpurpur	42 C
	Captain Williams	Roseraie de L'Haÿ ?	Gall.	rosa	A 21 F
	Cardinal de Richelieu	Laffay 1840	Gall.	purpurviolett	31 C
	Carmen	Lambert 1906	Rug.	dunkelrot	33 A
	Carmen Sylva	Heydecker 1891	TH	gelblich cremerosa	Z 42 G
	'Carnea Plena' = Rosa pimpinellifolia 'Carnea Plena'			lachsrosa	5 K
	Catherine de Wurtemberg ?	Robert 1843	Musc.	rosalila	11 H
	Catherine Guillot	Guillot fils 1861	Borb.	purpurrosa	5 E
	Céleste	Holland? 1739?	Alba	hellrosa	11 A
	Célina	Hardy 1855	Musc.	violettrot	14 D
	Celsiana	vor 1750?	Dam.	hellrosa	12 E
	Champion of the World	Woodhouse 1894	RH	dunkelrosa	6 L
	Champney's Pink Cluster	Champney 1810	Nois.	dunkelrosa	35 A
	Charlemagne	Dorizy 1836	RH	rosarot	Z 18 D
	Charles de Mills	in Kultur vor 1811	Gall.	purpurrot	8 C
	Charles Lawson	Lawson 1853	Borb.	rosarot	20 C
	Charles Lefèbvre	Lacharme 1862	RH	purpurrot	6 G
	Charles Mallerin	F. Meilland 1947	TH	schwärzlich dunkelrot	Z 29 D
	Château de Vaire	Sauvageot 1934	Macroph.	dunkelrot	Z 26 H
	Chloris	Frankreich vor 1835	Alba	zart hellrosa	A 1 B
	Chrysler Imperial	Lammerts 1952	TH	dunkelrot	3 A/B
	Cibles	Kaufmann 1893	Rug.	lebh. rosarot	18 A/Z 18 A
	Climbing Paul Lédé	Lowe 1913 (Pernet-Ducher 1902)	kl. TH	perlmuttrosa	A 1 E
	Clio	W. Paul 1894	RH	hellrosa	12 K
	Commandant Beaurepaire	Moreau-Robert 1874	Borb.	purpur, rosa gestreift	1 L
	Complicata	??	Gall.	rosa, Mitte weiß	10 B
	Comte de Chambord	Moreau-Robet 1863	Portl.	rosa, Rand heller	12 H
	Comtesse Cécile de Chabrillant	Marest 1858	RH	hellrosa	Z 26 C
	Comtesse de Lacépède	Duval/V. Verdier 1840	Gall.	cremeweiß	4 G
	Comtesse de Murinais	Vibert 1843	Musc.	zart rosaweiß	21 B
	Comtesse du Cayla	P. Guillot 1902	Chin.	kupfrig orangerot	11 I
	Comtesse Vandal	Leenders 1930	TH	lachsrosa	Z 26 K
	Conditorum (= Zuckerröschen)	aus Ungarn 1890	Gall.	purpurrot	11 E
	Conrad Ferdinand Meyer	Dr. Müller 1899	Rug.	hellrosa	1 A
	Coral Creeper	Brownell 1938	Wich.	korallrosa	A 21/Z 21 A
	Coralie	vor 1860?	Dam.	rosa	8 G
	Cornelia	Pemberton 1925	Mosch.	gelblich hellrosa	17 E
	Cosimo Ridolfi	Vibert 1842	Gall.	rosaviolett	39 E
	Coupe d'Hébé	Laffay 1840	Borb.	rosa	16 C
	Cramoisi Picoté	Vibert 1834	Gall.	rotviolett	Z 21 G
	Cramoisi Supérieur	Coquereau 1832	Chin.	dunkelrot	Z 1 D
	Crépuscule	Dubreuil 1904	Nois.	apricotgelb	Z 14 A
	Crimson Globe	W. Paul 1890	Musc.	dunkelrot	10 M
	Crimson Glory	Kordes 1935	TH	dunkelrot	Z 22 G
	Crimson Moss	Lee 18.	Musc.	kräftig rosalila	A Z 21
	'Cristata' = Rosa centifolia 'Cristata' (=Chapeau de Napoléon)	Schweiz 1820	Cent.	rosa	2 D
D	D'Aguesseau	Vibert 1837	Gall.	purpurrot	31 E

	Sorte oder Art	Züchter oder Einführer	Klasse	Blütenfarbe	Standort
D	Dainty Bess	Archer 1925	TH	hell lachsrosa	Z 18 M
	Daisy Hill	W. Paul 1906	Macr.	hellrosa	5 M
	Danae	Pemberton 1913	Mosch.	gelblichweiß	39 D
	Dart's Defender	Darthuis 1971	Rugotida	violettrosa	A 30 E
	Daybreak	Pemberton 1918	Mosch.	zart hellgelb	23 D
	De Meaux - siehe Rose de Meaux				32 F
	De Meaux White - siehe Rose de Meaux White				8 M
	Decorator	Hobbies 1913	TH	cremegelb mit rot	Z 41 E
	Deschamps	Deschamps 1877	Nois.	hellrot	14 B
	Deuil de Paul Fontaine	Fontaine 1873	Musc.	dunkel purpurrot	Z 21 F
	Directeur Alphand (=Alsace-Lorraine?)	Lévêque 1883	RH	dunkelpurpurrot	A 21 E
	Dorothee Heidorn	?? (ex Schultheis)	Bours. ?	blassrosa	A 28 A
	Double White	Schottland ?	Pimp.	weiß	Z 9 E/F
	Double Yellow	Williams um 1828	Pimp.	goldgelb	Z 5 C
	Dr. Georges Martin	Vilin 1908	RH	rosarot	20 I
	Dr. Mazaryk	Böhm 1930	RH	kräftig rosa	43 A
	Dr. Müllers Rote	Dr. Müller 1920	TH	purpurrot	Z 40 D
	Dresden (= Mathé Altéry)	Robichon 1961	TH	weißrosa	7 B/C
	Druschki rubra	Lambert 1929	RH	dunkelrot	50 C
	Du Maître d'École - siehe Rose de la Maître École				Z 5 L
	Duc de Cambridge	Frankreich 1848	Dam.	rosarot	32 B
	Duc de Fitzjames	Frankreich vor 1885	Cent.	lilarosa	16 E
	Duc de Guiche	Prévost um 1835	Gall.	violettrot	36 B
	Duc de Marlborough	Lévêque 1884	RH	karmesin	A 50 B
	Duchess of Portland - siehe The Portland Rose				35 F
	Duchesse d'Abrantès (x= William Lobb)	Robert 1851	Musc.	rosaweiß	9 B/C Z 25 Ex + 30 Ex
	Duchesse d'Angoulême	Vibert vor 1836	Gall.	zartrosa mit rot	44 B + Z 2 I
	Duchesse de Bragance	E. Verdier 1886	RH	seidig rosa	Z 35 B
	Duchesse de Buccleugh	Robert 1846	Gall.	dunkelrosa	28 B
	Duchesse de Grammont	Laffay ? vor 1838	Nois.	weißrosa	Z 1 I
	Duchesse de Montebello	Laffay vor 1829	Gall.	zart hellrosa	37 B
	Duchesse de Rohan	? Vor 1858	RH	violettrosa	8 K
	Duchesse de Verneuil	Portemer 1856	Musc.	rosarot	15 G
	Duke of Edinburgh	G. Paul 1868	Rh	dunkelrot	Z 6 C
	Duke of York	W. Paul 1904	Chin.	rosa mit weiß	Z 18 B
E	Earl of Dufferin	A. Dickson 1887	RH	dunkelrot	Z 25 D
	Éclar	Lacharme 1883	RH	samtig dunkelrot	5 I
	"Eiserne Hand"	Wien	Pimp.	weißrosa	5 A/B
	Elizabeth	B. R. Cant 1911	TH	dunkelrosa	Z 22 GA
	Elric von Melnibonee	Weihrauch	Rom. R.	rosa	AZ 17 G
	Empereur du Maroc	Guinoisseau 1858	RH	dunkelrot	A 33 D
	Empress Josephine (= Impératrice Joséphine)	? Anfang 18..	Gall. fr.	kräftig rosa	8 I
	Enfant de France	Lartay 1860	RH	silbrig rosa	17 G + AZ 13 E
	Erfurt	W. Kordes 1939	Mosch.	rosagelb	Z 29 A
	"Erich Unmuth"	??	Gall.	rosa	36 A/B
	Erinnerung an Brod	Geschwind 1886	RH ?	purpurrot	20 B
	Erinnerung an Schloss Scharfenstein	Geschwind 1892	TH	purpurrot	Z 26 GA
	Erlkönig (Roi des Aunes)	Geschwind 1886	Mult.	karminpurpur	A 30 AB
	Étoile de Hollande	Verschuren 1919	TH	samtig dunkelrot	Z 5 E
	Eugène Fürst	Soupert 1846	RH	dunkelrot	49 A
	Eugen E. Marlitt	Geschwind 1902	Borb.	scharlachrot	Z 1 K
	Eugénie Guinoisseau	Guinoisseau 1864	Musc.	purpurrot	34 B
	Eugénie Guinoisseau x Nuits de Young	Dechant um 1938	Musc.	purpurrot	Z 45 B
F	F. J. Grootendorst	de Goey/Grootendorst 1918	Rug.	dunkelrot	A 31 F

	Sorte oder Art	Züchter oder Einführer	Klasse	Blütenfarbe	Standort
F	Fabvier	Laffay 1832	Chin.	luchtend rot	Z 17 E
	Fanny Elssler	Frankreich 18..	Gall.	rosarot	A 27
	Fantin-Latour	Frankreich 18..	Cent.	zart rosa	22 C
	Fatinitza	Geschwind 1886	Mult.	weiß und rosa	A 30 AC
	Felicia	Pemberton 1928	Mosch.	lachsrosa und gelb	1 E
	Félicité et Perpétue	Jacques 1827	Semperv.	milchweiß mit rosa	AZ 29 A
	Félicité Parmentier	in Kultur seit 1836	Alba	rosaweiß	21 D
	Fellemberg (=La Belle Marseillaise)	Fellemberg 1857	Chin.	rosarot	23 C
	Ferdinand Chaffolte	Pernet fils 1879	RH	violettrot	Z 34 B
	Ferdinand Pichard	Tanne 1921	RH	rosa, rot und weiß gestreift	24 E
	Feuerzauber	J. C. Schmidt 1913	Chin.	samtrot	Z 50
	Fimbriata	Morlet 1891	Rug.	hellrosa	Z 42 A
	Fisher & Holmes	E. Verdier 1865	RH	dunkelrot	35 D
	Fleur de Pelletier	Roseraie de L'Haÿ ?	Gall. ?	hellrot	13 B/C
	'Foecundissima' - Rosa majalis (Rosa cinnamomea f. plena)	Europa 1596		rosa	A 9 A
	foetida - siehe Austrian Yellow				Z 10 A
	foetida 'Bicolor' - siehe "Austrian Copper"				34 C
	foetida var. Persiana - siehe Persian Yellow				Z 9 C
	Foliacea	Descemet 1810	Cent.	gemischt rosa	19 C
	Fortune's Double Yellow	Fortune 1845	T	bernsteingelb	Z 39 B
	Fragezeichen	Böttner 1910	Mult.	rosa	A 14 A
	Fragrance	Chaplin Bros. 1924	TH	dunkelrot	Z 34 F
	Francesca	Pemberton 1922	Mosch.	apricotgelb	22 G
	'Francofurtana'	Europa 1629	Gall. fr.	dunkelrosa	29 F
	François Arago	Trouillard 1858	RH	rosarot	2 E
	François Coppée	Lédéchaux 1895	RH	dunkelrot	19 F
	Frau Astrid Späth	Späth 1930	Pol. H.	karminrosa	A 28 H
	"Frau Capalbo" (N. N.)	DDR um 1955	TH	dunkel violettrot	AZ 10 M
	Fr. Dr. Schricker	Felber-Leclerc 1927	Chin.	kupfrig rosarot	Z 14 F
	Frau Eva Schubert	Tepelmann 1937	Lamb.	kräftig rosa	A 4 A
	Frau Ida Münch	Beschnidt 1919	TH	hellgelb	A 28 G
	Frau Karl Druschki	Lambert 1901	RH	weiß	44 B
	Freiburg II	Dr. Krüger 1917	TH	hellrosa	Z 30 A
	Fritz Nobis	Kordes 1940	Rubig.	lachsrosa	Z 14 G
	Frühlingsgold	Kordes 1937	Pimp.	goldgelb	A 19 A
	Frühlingsmorgen	Kordes 1941	Pimp.	rosa mit gelb	Z 35 D
	Fulgens (= Malton)	Guérin 1830	Chin.	leuchtend rot	20 H
	Fürstin von Pless	Lambert 1911	TH	weiß mit gelblichrosa	7 F
	Futtacker Schlingrose	Geschwind 1900	Mult.	samtig dunkelrot	A 7 A
G	Gabriel Noyelle	Buatois 1933	Musc.	hell lachsrosa	20 F
	Gabrielle Privat	Privat 1931	Pol.	dunkelrosa	A 25 E
	Gaetano Gonsoli	Pernet père 1874	RH	rosaweiß	Z 39 F
	gallica - Rosa gallica (= Essigrose)	Südeuropa/Kleinasien		rosarot	36 D
	Gartenstadt Liegnitz	Lambert 1910	Mult.	purpurrot	Z 9 L
	Gaspard Monge	Robert 1854	Cent.	hell violettrot	Z 41 D
	Generaal Smuts	van Rossem 1922	TH	kirschrot	Z 40 G
	Général Jacqueminot	Roussel 1853	RH	leuchtend rot	46 D
	Général Kléber	Robert 1856	Musc.	hellrosa	9 H
	General-Superior Arnold Janssen	Leenders 1911	TH	dunkelrot	Z 39 G
	Georg Arends	Hinner 1910	RH	rosarot	32 A
	George Dickson	A. Dickson 1912	RH	dunkelrot	19 D
	Georges Vibert	Robert 1853	Gall.	purpurrot, weiß gestreift	10 H
	"Geranium"	Royal Hort. Soc. 1938	Moyes.	scharlachrot	Z 26 A

	Sorte oder Art	Züchter oder Einführer	Klasse	Blütenfarbe	Standort
	Gerbe Rose	Fauque 1904	Luciae-H.	rosa	A 1 L
	Germanica	Dr. Müller 1890	Rug.	violett	AA 13 A
	Geschwinds Nordlandrose I	Geschwind 1884	Mult.	hellrosa	A 1 F
	Geschwinds Orden	Geschwind 1886	Mult.	violett purpurrosa	A 12 A
	Geschwinds Schönste	Geschwind 1900	Mult.	hellrot	16 B
	Ghislaine de Féligonde	Turbat 1916	Mult.	gelblich rosaweiß	20 A
	Gil Blas	Roseraie de L'Haÿ ?	Gall.	rosa, weiß gestreift	12 I
	Gilda	Geschwind 1887	Mult.	weinrot	A 37 A
	Gloire de Chédane-Guinoisseau	Chédane-Pajotin 1908	RH	hellrot	5 C
	Gloire de Ducher	Ducher 1865	RH	rosarot	2 C
	Gloire de France	Frankreich 1819	Gall.	lilarosa	24 B
	Gloire de Guilan	Persien/Hilling 1949	Dam.	zart rosa	Z 10 L
	Gloire des Jardins	Descemet vor 1815	Gall.	purpurrot	18 F
	Gloire des Mousseux	Laffay 1852	Musc.	cremerosa	2 M
	Gloire des Polyantha	Guillot fils 1887	Pol.	rosa	22 I
	Gloire des Rosomanes	Vibert 1825	RH	kräftig rot	26 H
	Gloire Lyonnaise	Guillot 1884	RH	gelblich weiß	Z 17 I + 19 G
	Glory of Edzell	England um 1900	Pimp.	hellrosa bis lachs	Z 40 E + A 30 F
	glutinosa (= Rosa pulverulenta)	östl. Mittelmeer 1821		hellrosa	Z 6 P
	Goethe	Lambert 1910	Musc.	rosarot	24 G
	Golden Moss	P. Dot 1932	Musc.	kanariengelb	19 E
	Goldene Druschki	Lambert 1933	RH	hellgelb	23 E
	Grace Darling	Bennett 1884	TH	gelbrosa	Z 17 G
	Great Maiden's Blush	15. Jh. oder früher	Alba	zart rosaweiß	4 A
	Great Western	Laffay 1838	RH	purpurrot	22 F
	Greenmantle	Lord Penzance 1895	Rubig.	rosarot, Mitte weiß	42 B
	Griseldis	Geschwind 1895	Can.	rosa	14 C
	Gros Chou d'Hollande	??	Borb.	rosarot	29 A
	Gruß an Aachen	Hinner/Geduldig 1909	Pol.	zart lachsrosa/weiß	Z 14 M
	Gruß an Coburg	Felberg-Leclerc 1927	TH	kupfrig gelb	Z 6 E
	Gruß an Friedberg	Metz/Rogmanns 1902	Nois.	gelb	Z 13 B
	Gruß an Labenz	Weihrauch 2003	Fl.	weißrosa	A 22 A
	Gruß an Teplitz	Geschwind 1897	Borb.	leuchtend rot	4 B
	Gruß an Zabern	Lambert 1903	Mult.	cremeweiß	AZ 34 A
	Guinée	Mallerin 1938	kl. TH	samtig schwarzrot	A 11/13 A
H	Haddington	??	Gall.	dunkelpurpurrot	A 40 B/C
	Hadley	Montgomery 1914	TH	dunkelrot	Z 22 L
	Hamburg	W. Kordes 1935	Lamb.	dunkelrot	A 50 I
	harisonii (= The Yellow Rose of Texas)	Harison 1830	Pimp.	leuchtend gelb	43 B
	Hebe's Lip	W. Paul 1912	Rubig.	weiß mit rotem Saum	30 C
	Heideröslein	Lambert 1932	Mosch.	gelblich lachsrosa	A 1 A
	Heinrich Conrad Söth	Lambert 1919	Mosch.	rosarot, Mitte weiß	10 G
	Heinrich Karsch	Leenders 1927	Pol.	violettrosa	22 K
	Heinrich Münch	Hinner 1911	RH	perlrosa	13 G
	Heinrich Schultheis	Bennett 1882	RH	rosa	Z 2 H + 43 C
	Helga	Weigand/Schultheis 1926	TH	leuchtend rot	Z 46 E
	hemisphaerica (= Rosa sulphurea)	Türkei/Clusius 1584	Lut.	schwefelgelb	Z 6 K
	Henri Foucquier	? 1811	Gall.	zart rosa	Z 22 B
	Henri Martin	Laffay 1863	Musc.	leuchtend rot	38 B
	Henry Hudson	Svejda 1976	Rug.	weiß	11 B/C
	Henry Nevard	F. Cant 1924	RH	dunkelrot	16 H
	Her Majesty	Bennett 1885	RH	rosa	Z 18 I
	Heritag	Austin 1984	Engl.	zart rosa	42 E
	Hermann Löns	M. Tantau 1931	RH	leuchtend rot	Z 14 H

	Sorte oder Art	Züchter oder Einführer	Klasse	Blütenfarbe	Standort
	Hermosa	Marcheseau 1840	Chin.	hell lilarosa	Z 1 N
	Héroine de Vaucluse	Moreau-Robert 1863	Borb.	rosa	28 G
	hibernica	Irland/Templeton 1795	Pimp.	hellrosa	Z 39 D
	'Highdownensis'	Stern/Hillier 1928	Moyes.	rosarot	Z 2 G
	Hildenbrandseck	Lambert 1909	Rug.	leuchtend rot	Z 34 E
	Himmelsauge	Geschwind 1894	Mult.	samtig dunkelpurpur	Z 39 E
	Hippolyte (= Souvenir de Kean)	? Anfang 18.. (1833?)	Gall.	violettpurpur	12 C
	Hippolyte Jamain	Lacharme 1874	RH	purpurrosa	45 B
	holodonta	aus China 1908	Moyes.	leuchtend rosa	A 34 A
	Honorine de Brabant	??	Borb.	rosa mit lila gestreift	44 A
	Hugh Dickson	H. Dickson 1905	RH	kräftig rot	26 B
	hugonis (= Chinesisches Goldröschen)	aus China 1899		hellgelb	Z 25 A
I	Impératrice Eugénie	Guillot père 1855	Musc.	lilarosa	Z 25 C
	Impératrice Joséphine - siehe Empress Josephine				8 I
	Indigo	Laffay um 1830	Portl.	purpur gestr.	Z 30 F/32 D
	Invincible	Miellez od. Vibert 1836	Gall.	rot	Z 25 B
	Ipsilanté	Frankreich 1821	Gall.	lilarosa	23 F
	Ispahan	? Vor 1832	Dam.	seidig rosa	3 I
	Isobel	McGredy 1916	TH	hellrosa	A 15 D
J	Jaques Cartier	Moreau-Robert 1868	Portl.	hellrosa	1 H
	James Mason	Beales 1982	Gall.	weinrot	A 11 H
	James Mitchell	E. Verdier 1861	Musc.	violettrosa	Z 18 E
	James Veitch	E. Verdier 1864/65	Musc.	hell- und dunkelviolett	28 F
	Janet's Pride (= Clementine)	Paul 1892, aber älter	Rubig.	hellrot mit weiß	Z 9 A
	Jeanne d'Arc	Vibert 1818	Alba	zart rosaweiß	31 A
	Jeanne de Montfort	Robert 1851	Musc.	weißlich rosa	3 G
	Jeannie Deans	Lord Penzance 1895	Rubig.	hellrot	Z 5 K
	Jeanny Soupert	Soupert & Notting 1912	Pol.	zart rosaweiß	z 13 E
	Jenny Duval	Frankreich 1821	Gall.	violettrosa	25 F
	Joanna Hill	J. H. Hill 1928	TH	hellgelb	Z 26 F
	Joasine Hanet (Johasine Hanet)	Vibert 1846	Portl. (RH)	mauve	Z 1 D/3 D
	Johanna Röpke	Tantau 1931	Wich.	lachsrosa	A 10 A
	John Hopper	Ward 1862	RH	rosarot	Z 6 L
	Joséphine de Beauharnais	Vibert 1823	Alba	rosaweiß	1 F
	Jules Margottin	Margottin 1853	RH	hell purpurrot	1 N
	Julia Mannering	Lord Penzance 1895	Rubig.	hellrosa	Z 14 B
	Julie de Mersan	Thomas 1854	Musc.	rosarot	7 I
	Juliet	W. Paul 1910	Lut.	dunkelrosa mit orange	Z 13 G
	Juliette (Mahaeca)	Miellez 1860	Gall.	karminrot	18 A/B
	Juno	Laffay ? 1832	Cent.?	Rand weißlich, Mitte rosa	37 D
K	Kaiserin Auguste Viktoria	Lambert 1891	TH	gelblich weiß	Z 2 M
	Karl Foerster	W. Kordes 1930	Pimp.	weiß	35 B
	Katharina Zeimet	Lambert 1901	Pol.	weiß	26 I
	Kathleen	Pemberton 1922	Mosch.	zart lachsrosa	AZ 18 M
	Kathleen Harrop	A. Dickson 1919	Borb.	hellrosa	21 A
	Kawkasskaja Krasnaja	??	Gall. od. TH?	purpurrot	A 20 F
	Kean (= Souvenir de Kean, = Hippolyte?)	? 1833 ?	Gall.	purpurrot	13 F
	Kiese - siehe canina von Kiese				11 C
	Königin von Dänemark	Booth 1816	Alba	hellrosa, Mitte dunkler	10 D
	'Kreuzkapelle'	Camberg	Rug.	rosa	AZ 5 A
	Kronprinzessin Viktoria	Vollert/Späth 1888	Borb.	gelblich cremeweiß	Z 17 I
L	La Belle Distinguée	??	Rubig.	leuchtend rot	32 D
	La France	Guillot fils 1867	TH	hell lilarosa	Z 13 I
	La France de 89	Moreau-Robert 1889	TH	leuchtend rot	Z 5 G

	Sorte oder Art	Züchter oder Einführer	Klasse	Blütenfarbe	Standort
	L'Amitié	Stegerhoek/Dupont vor 1813	Dam.	blassgelb	38 C/D
	La Negresse	Vibert od. Robert 1842	Dam.	schwärzlich purpurrot	12 M
	La Neige	Moranville 1905	Musc.	weiß	13 H
	La Noblesse	Pastoret/Soupert & Notting 1857	Cent.	hellrosa	2 H
	La Noblesse (Meldorf)	Pastoret/Soupert & Notting 1857, gefunden von Gerda Nissen	Cent.	rosarot	Z 22 E
	La Perle	Fauque 1904	Luciae	gelblichweiß	A 1 G
	La Plus Belle des Ponctuées	??	Gall.	dunkelrosa, helle Punkte	1 D A
	La Plus Belle des Ponctuées	??	Gall.	dunkelrosa, helle Punkte	Z 9 F
	La Reine	Laffay 1842	RH	lilarosa	24 H
	La Reine (Meldorf)	Laffay 1842, gefunden von Gerda Nissen	RH	leuchtend rot	3 K
	La Rose de York	? um 1880	Alba	weiß	22 E
	La Tosca	Vve Schwartz 1900	TH	zart lilarosa	Z 29 G
	La Ville de Bruxelles	Vibert 1849	Dam.	rosa	47 C
	Lady Mary Fitzwilliam	Bennett 1882	TH	hellrosa, Mitte dunkler	Z 9 D
	Lady Penzance	Lord Penzance 1894	Rubig.	kupfrig rot, Mitte gelb	46 A
	Lady Waterlow	Nabonnand 1902	TH	lachsrosa	A 28 E
	Laneii	Laffay um 1850	Musc.	rosarot	14 I
	Le Havre	Eudes 1871	RH	zinnoberrot	A 50 F
	Le Vésuve	Laffay 1825	Chin.	rosarot	Z 5 M
	Lecocq-Dumesnil	E. Verdier 1882	RH	rot	Z 10 D
	Leda	England vor 1827	Dam.	weiß, roter Saum	45 C
	Lemon Beauty	B. R. Cant 1932	RH	gelblich weiß	Z 60
	Leonie Lambert	Lambert 1913	RH	hellrosa	A 11 G/H
	Leonie Lamesch	Lambert 1900	Pol.	kupfrig rot	A 24 E
	Leopold Ritter	Geschwind 1900	Mult.	rot	5 N
	Le Rire niais	Dupont 1810	Cent.	rosa	16 A/B
	Little Gem	W. Paul 1880	Musc.	rosarot	Z 22 H
	Little White Pet	Henderson 1879	Pol.	cremeweiß	27 F
	Lord Raglan	Guillot père 1854	RH	purpurrot	Z 29 B
	L'Ouche	Buatois 1901	Chin.	rosa	A 16 F
	Louis XIV	Guillot fils 1859	RH	samtig dunkelrto	Z 9 E
	Louis Gimard	Pernet père 1877	Musc.	lilarosa	13 B
	Louis Philippe	Hardy 1824	Gall.	hell violettrosa	A 25 C/D
	Louis Philippe	Hardy 1824	Gall.	hell violettrosa	A 50 C
	Louis van Houtte	Lacharme 1869	RH	samtig dunkelrot	8 H
	Louis van Till (Tuyll)	??	Gall.	kräftig rosa	16 I
	Louise Catherine Breslau	Pernet-Ducher 1912	Lut.	kupfrig orangerot	Z 42 B
	Louise Odier	Margottin 1851	Borb.	rosa	19 B
	Lucie Duplessis	Robert 1853	Musc.	hellrosa	17 B
	Luna	S. Poulsen 1925	TH	gelb	Z 30 H
	Lustre d'Eglise	Holland vor 1790	Gall.	rosa	A 50 G
M	Mabel Morrison	Broughton 1878	RH	zart rosaweiß	3 D
	Magna Charta	W. Paul 1876	RH	rosarot	4 F
	Magnifica	Hesse 1916	Rubig.	hellrot	34 A
	majalis (Rosa cinnamomea)	in Kultur vor 1600		rosarot	Z 10 K
	Malesherbes	Vibert 1834	Gall.	purpurrot	A 49 A
	Malton- siehe Fulgens				20 H
	Malvina	V. Verdier 1841	Musc.	hellrosa	Z 6 N
	Manettii (R. x noisettiana manettii)	Manetti 1820	Nois.	rosa	32 A/B
	Manning's Blush (= Sweet Brier)	England um 1800	Rubig.	zart rosaweiß	10 F
	Manteau d'Évêque ?	gefunden von Gerda Nissen	Gall.	rosarot/violett	Z 26 B
	Marbrée	Moreau-Robert 1858	Portl.	rosaviolett mit hellen Tupfen	18 D + 8 F

Sorte oder Art	Züchter oder Einführer	Klasse	Blütenfarbe	Standort
Marcel Bourgoin	Corboeuf-Marsault 1899	Gall.?	dunkelviolettrot	A 49 C
Marchioness of Londonderry	A. Dickson 1893	RH	gelblich weiß	46 B
Marchioness of Lorne	W. Paul 1889	RH	rosarot	Z 21 D
marcyana (Rosa x marcyana = Rosa terebinthinacea), (Rosa gallica x Rosa tomentosa)	Süd-Frankreich		rosarot	A 3 G
Maréchal Davoust	Robert 1853	Musc.	purpurrot/violett	Z 6 A
marginata (= R. jundzillii)	O-Europe/W-Asien	Can.	rosaweiß	Z 5 B
Margo Koster	Koster 1931	Pol.	lachsorange	A 25 F
Marguerite de Roman	Schwartz 1882	RH	cremerosa	6 I
Marie de Blois	Robert 1852	Musc.	lilarosa	21 F
Marie Dermar	Geschwind 1889	Nois.	cremeweiß	A 32 A
Marie Henriette Gräfin Chotek	Lambert 1911	Mult.	rot	3 M/N
Marie Jeanne	Turbat 1913	Mult.	zart rosaweiß	33 D
Marie Louise	in Malmaison 1813	Dam.	leuchtend rosa	1 M
Marie Pavic	Alégatière 1888	Pol.	rosaweiß	Z 41 F
Marmion	Dobbie 1934	TH	orange lachsrosa	Z 18 L
Marquise d'Andigné	Gebr. Leenders 1927	TH	dunkelrot	4 M
Martha	Zeiner 1912	Borb.	lachsrosa	15 B
Maurice Lepelletier	Moreau-Robert 1868	RH	hellorangerosa	A 1 I
'Maxima' - Rosa alba 'Maxima'	15. Jh. oder früher	Alba	rahmweiß	26 A
Mécène	Vibert 1845	Gall.	weiß/lila gestreift	Z 6 H
Meg Merrilies	Lord Penzance 1894	Rubig.	leuchtend hellrot	39 A
Merveille de Lyon	Pernet père 1882	RH	zart rosaweiß	7 D
Meteor	Geschwind 1887	Nois.	leuchtend rot	36 A
Meteor	??	Gall.	violettrot	Z 40 A
Mevrouw Amélie Müller	Verschuren 1927	TH	orange lachsrosa	Z 35 F
Minette (= „Suionum")	Vibert 1819	Alba	zart hellrosa	Z 1 C
minutifolia (Rosa minutifolia)	Kalifornien 1888		rosaweiß	A 8 D
Miranda	de Sansal 1869	Portl.	hellrosa	14 H
'Mirifica' = Rosa stellata 'Mirifica'	aus New Mexico 1910		dunkel rosalila	Z 17 E/F
Miss Edith Cavell	Meiderwyk/Spek 1917	Pol.	dunkelrot	Z 17 F
Mlle Augustine Guinoisseau	Guinoisseau f. 1889	TH	zart rosaweiß	Z 14 E
Mlle Cécile Brunner	Vve Ducher 1880	Pol.	zart hellrosa	Z 10 E
Mlle Marie Drivon	Schwartz 1887	Borb.	pfirsichrosa, lila gefleckt	Z 41 C
Mme A. Labbey	? 1843	TH	rosalila	A 16 G
Mme Alfred Carrière	Schwartz 1889	Nois.	gelblich weiß	17 A
Mme Boll	Boll/Boyau 1859/60	Portl.	rosa	15 F
Mme Butterfly	E. G. Hill 1918	TH	apricotrosa	Z 30 F
Mme Caroline Testout	Pernet-Ducher 1890	TH	lachsrosa	Z 10 N
Mme Charles Frédéric Worth	Vve Schwartz 1889	Rug.	dunkelrosa	11 A/11 B
Mme Cordier	Leroy 1903	RH	rosarot	7 M
Mme Cornélissen	Cornélissen 1865	Borb.	weißlich rosa	Z 2 N
Mme de Tartas	Bernède 1859	T	zart rosa	44 E
Mme Delaroche-Lambert	Robert 1851	Musc.	purpurrot	22 D
Mme Édouard Herriot(= Daily Mail Rose)	Pernet-Ducher 1914	TH	orangegelb und rot	Z 5 N
Mme Édouard Ory	Robert 1854	Musc.	hellrosa	40 C
Mme Ernest Calvat	Vve Schwartz 1888	Borb.	rosa	10 A
Mme Ernest Levavasseur	Vigneron 1900	RH	zinnoberrot	A 36 AB
Mme Fillion	Gonod 1865	RH	lachsrosa	3 F
Mme Gabriel Hanra	Ketten 1929	TH	hellrot	Z 34 G
Mme Gabriel Luizet	Liabaud 1877	RH	silbrigrosa	A 50 D
Mme Georges Bruant	Bruant 1887	Rug.	rahmweiß	2 F + A 16 I
Mme Grégoire Staechelin (= Spanish Beauty)	P. Dot 1927	kl. TH	hellrosa	A Z 10 A
Mme Hardy	Hardy 1832	Dam.	weiß	15 C

	Sorte oder Art	Züchter oder Einführer	Klasse	Blütenfarbe	Standort
	Mme Hector Leuillot	Pernet-Ducher 1904	TH	gelborange auf rot	A 30 D
	Mme Isaac Pereire	Garçon 1881	Borb.	rosarot	5 A
	Mme Jules Bouché	Croibier 1910	TH	weiß	Z 5 F
	Mme Knorr	V. Verdier 1865	Portl.	rosa	10 L
	Mme Laurette Messimy	Guillot & fils 1887	Chin.	gelblich rosa	Z 22 F
	Mme Lauriol de Barny	Trouillard 1868	Borb.	dunkelrosa	11 B
	Mme Legras de St-Germain	Frankreich 1846	Alba	weiß	19 A
	Mme Lierval	Fontaine 1869	RH	rosa mit karmin	Z 50 H
	Mme Louis Lévêque	Lévêque 1898	Musc.	hellrosa	A 1 C
	Mme Louise Piron	Piron-Medard 1903	RH	hellrosa	Z 17 C
	Mme Marcel Delauney	Leenders 1915	TH	zart rosa	20 K
	Mme Moreau	Moreau-Robert 1872	Musc.	rotweiß gestreift	9 K
	Mme Norbert Levavasseur	Levavasseur 1903	Pol.	rot	43 D
	Mme Pierre Oger	Oger/Verdier 1878	Borb.	perlmuttrosa	36 C
	Mme Plantier	Plantier 1835	Alba	milchweiß	23 A
	Mme Sancy de Parabère	Bonnet 1874	Bours.	hellrosa	A 18 A
	Mme Scipion Cochet	S. Cochet 1872	RH	rosarot, Saum silbrig	49 C
	Mme Segond Weber	Soupert & Notting 1907	TH	lachsrosa	Z 29 F
	Mme Théodore Delacourt	Pernet-Ducher 1913	TH	lachsrot	19 G
	Mme Victor Verdier	E. Verdier 1863	RH	hellrot	3 H
	Mme William Paul	Moreau-Robert 1869	Musc.	rosarot	Z 1 F
	Mme Zoetmans	Marest 1830	Dam.	zart rosaweiß	6 F
	Mogador (=Rose du Roi à fleurs pourpres?)	Varangot 1844	Portl.	purpurrot	A 16 K
	Moise	Parmentier 1828	Gall.	rosarot	A 49 E
	Mons. Tillier	Bernaix 1891	T	ziegelrot	AZ 22 K
	Moonlight	Pemberton 1913	Mosch.	milchigweiß	1 C
	'Morletii' (Rosa inermis 'Morletii')	Morlet 1883	Bours.	magentarosa	A 1 D
	moschata - Rosa moschata (=Moschusrose)	aus Kleinasien 1651		weiß	38 A
	Mount Everest	??	Pend.	rot	A 21 A
	Mousseline	Robert & Moreau 1881	Musc.	rosaweiß	AZ 21 G
	Mousseux Ancien	Vibert 1825	Musc.	rosa, Mitte rosarot	24 F
	Mousseux du Japon	Japan um 1800	Musc.	purpurrosa	Z 2 C
	Mozart	Lambert 1937	Mosch.	rosarot, Mitte weiß	Z 29 E
	Mrs. Anthony Waterer	Waterer 1898	Rug.	rosarot	Z 21 A
	Mrs. Baker	Turner/Laxton 1876	RH	rot	Z 2 B
	Mrs. John Laing	Bennett 1887	RH	kräftig silbrigrosa	25 A
	Mrs. Oakley Fisher	B. R. Cant 1921	TH	dunkel orangegelb	Z 10 G
	Mrs. Paul	G. Paul 1891	Borb.	weich hellrosa	14 E
	Mrs. W. J. Grant (= Belle Siebrecht)	A. Dickson 1895	TH	rosarot	Z 30 G
	München	Kordes 1940	Str.	karminrot	A 17 A
	Multiflore de Vaumarcus	Menet 1875	Nois.	hellrosa	42 D
	'Muscosa' - Rosa centifolia 'Muscosa'	Mitteldeutschland 17. Jh.		rosa	3 C
	'Muscosa Alba' (= Shailer's White Moss)	Shailer 1788	Musc.	weiß, oft mit rosa	40 C
	'Muscosa Rubra' (= Old Red Moss)	??	Musc.	purpurrot	12 A
	'Muscosa Simplex' - siehe 'Andrewsii'				4 C
	Mutabilis	Corrévon 1932, aber älter	Chin.	veränderlich gelb bis rot	3 B
N	Nanette	??	Gall.	hellrot	Z 26 D
	Narcisse de Salvandy	Parmentier/Van Houtte 1843	Gall.	violettrot mit gelblichweiß, Rd.	A 1 H
	Narrow Water	Daisy Hill 1883	Mosch.	purpurrosa	Z 17 B
	Nathalie Nypels	Leenders 1919	Pol.	lachsrosa	18 K
	Neige d'Avril	Robichon 1908	Mult.	weiß	A 21 E/F
	Nestor	Frankreich 1846	Gall.	lilarot	5 H
	Nevada	P. Dot 1928	Moyes.	zart rosaweiß	24 C
	New Century	van Fleet 1900	Rug.	rosa, Mitte rot	A 2 E

	Sorte oder Art	Züchter oder Einführer	Klasse	Blütenfarbe	Standort
	Nigrette	Krause 1933	TH	schwarzrot	Z 29 H
	nitida - Rosa nitida (Glanzrose)	östl. Nordamerika 1807		rosarot	7 N
	Nordhausen	Krause 1940	Str.	karminrot	AZ 22 A
	Nouvelle Transparente	Miellez um 1835	Gall.	karmesinrosa	A 1 K
	Nova Zembla	Mees/Ruys 1906	Rug.	weiß	Z 30 B
	Nouveau Vulcain	Frankreich um 1820	Gall.	violettrot	4 A/B
	Nuits de Young	Laffay 1845	Musc.	samtig dunkelrot	41 D
	Nur Mahal	Pemberton 1923	Mosch.	rot	47 B
	nutkana (Rosa nutkana)	U.S.A. Westküste		lilarosa	Z 9 F/G
O	Oeillet Flamand	Vibert 1845	Dam.	hellrot	12 G
	Oeillet Parfait	Foulard 1841	Gall.	rotweiß gestreift	6 K
	'Officinalis' - Rosa gallica 'Officinalis', (= Apothekerrose, Red Rose of Lancaster)	um 1310		hellrot	1 B
	Old Blush (= Parsons' Pink China)	aus China 1789	Chin.	rosa überlaufen 9 c	9 C
	Old Crimson China	aus China 1791	Chin.	leuchtend rot	Z 35 E
	Omar Khayyam	aus Persien 1893	Dam.	hellrosa	Z 2 L
	Ombrée Parfaite	Vibert 1823	Gall.	dunkel violettrot	34 E
	Omer Pacha	Pradel 1853	Borb.	dunkelrosa	A 37 E
	Onex	??	Gall.	purpurrot	Z 42 E
	Ophelia	W. Paul 1912 (ex Pernet-Ducher)	TH	zart lachsrosa	Z 18 H
	Ophelia Clbg.	A. Dickson 1920	kl. TH	zart lachsrosa	A 19/21 A
	Oratam	Jacobus 1939	Dam.	kupfrig rosa	20 D
	Orléans Rose	Levavasseur 1909	Pol.	leuchtend rot	24 I
	Ornement de la Nature	Toutain 1826	Gall.	lilarosa	20 G
	Orpheline de Juillet	W. Paul 1848	Gall.?	dunke purpurrot	13 D
	Ovid	Geschwind 1890	Setig.	rosa	A 14 L
P	"Päonienrose"	gefunden von Gerda Nissen	Gall. fr.	rosa	Z 17 H
	Panachée à fleurs doubles	Vibert 1839	Gall.	rosaviolett gestreift	7 L
	Panachée de Lyon	Dubreuil 1895	Portl.	purpurrot und rosa gestreift	10 I
	Panachée d'Orléans	Wilhelm 1854	RH	rosarot gestreift	8 B
	Papa Gontier	Nabonnand 1883	T	rosarot/Mitte gelb	A 19 D
	Parkfeuer	Lambert 1906	Lut.	leuchtend rot	18 A
	Parkzierde	Geschwind/Lambert 1909	Borb.	leuchtend rot	27 C
	'Parvifolia' - Rosa centifolia 'Parvifolia'	schon 1664 in Kultur		rosarot	Z 25 G
	Patricia ?	??	Kl.	weiß	AZ 6 A
	"Patricia" N. N. = American Pillar	van Fleet 1902	Wich./Setig.H.	hellrot, Mitte weiß	AZ 6 A
	Paul Neyron	Levet 1869	RH	lilarosa	29 C
	Paul Ricault	Portemer 1845	RH	rosarot	11 F
	Paul Transon	Barbier 1900	Luciae	lachsrosa	A 31 A
	Paul Verdier	C. Verdier 1866	RH	dunkelrosa	23 B
	Paul's Early Blush (= Mrs. Harkness)	G. Paul 1893, J. Harkness 1893	RH	zart hellrosa	Z 10 I
	Pax	Pemberton 1918	Mosch.	gelblich weiß	12 D
	Pélisson	Vibert 1848	Musc.	purpurrosa	26 G
	pendulina (alpina)	in Kultur seit 1683		rosarot	A 31 A + AZ 17 A
	Penelope	Pemberton 1924	Mosch.	zart lilaweiß	16 F
	Pergolèse	Moreau-Robert 1860	Portl.	purpurrosa	37 E
	Perle des Blanches	Lacharme 1872	Borb.	rosaweiß	A 33 C
	Perle d'Or	Rambaux od. Dubreuil 1883	Chin.	gelblich lachsrosa	7 B
	Perle vom Wienerwald	Praska 1913	Mult.	rosarot	AZ 18 M
	Perle von Weißenstein	Schwarzkopf 1773	Gall.	rot	30 A
	Persian Yellow (Rosa foetida 'Persiana')	aus Persien 1837		goldgelb	Z 9 C
	Petite de Hollande	Holland vor 1800	Cent.	zart rosa	Z 1 M
	Petite Lisette	Vibert 1817	Cent.	hellrosa	1 K
	Petite Orléanaise	Frankreich 18..	Gall.	rosa	8 E

	Sorte oder Art	Züchter oder Einführer	Klasse	Blütenfarbe	Standort
	Pierre Notting	Portemer 1862	RH	purpurviolett	Z 35 C
	Pink Leda	England vor 1827	Dam.	zart rosa mit rotem Saum	6 B
	Pompon blanc parfait	E. Verdier 1876	Alba	rosaweiß	6 D
	Pompon de Bourgogne	aus Dijon vor 1836	Cent.	hellrosa	Z 21 H
	Portland Rose - siehe The Portland Rose				35 F
	Poulsen's Parkrose	D. Poulsen 1953	Str.	silbrigrosa	A 36 A
	Pourpre	Vibert 1827	Chin.	dunkel purpurrot	Z 18 F
	Président de Sèze	? vor 1836	Gall.	lilarot	26 C
	Président Dutailly	Dubreuil 1888	Gall.	dunkelrot	A 1 L
	Président Lincoln	Granger/Lévêque 1862	RH	dunkelrot	Z 39 A
	Président Willermoz	Ducher 1867	RH	lebhaft rosa	A 49 G
	Prince Camille de Rohan	E. Verdier 1861	RH	samtig dunkelrot	41 B
	Prince Charles	Hardy 1842	Borb.	dunkelrot	1 G
	Prince Charles d'Aremberg	Soupert & Notting 1877	RH	rosarot	7 H
	Prince Eugène de Beauharnais	Moreau-Robert 1864	RH	purpurrot	2 B/C
	Prince Frédéric	Parmentier um 1840	Gall.	rot	A 32 F
	Prince Napoléon	Pernet père 1864	Borb.	rosa	22 B + 28 B/C
	Prince Noir	Boyau 1854	RH	rosarot	37 A
	Princess of Wales	Laxton 1871	RH	zart rosa	25 C
	Princesse de Lamballe	? um 1850	Alba	weiß	3 A
	Princesse Stèphanie de Belgique	Soupert & Notting 1929	TH	rot	AZ 13 F
	Prinz Hirzeprinzchen	Geschwind 1912	Mult.	purpurrot und weiß gestreift	AZ 9 A
	Priscilla	Montgomery 1922	TH	lilarosa	Z 26 E
	Probuzeni	Böhm 1935	Wich.	zart rosa	50 A
	Prolifera de Redouté	? Vor 1824	Cent.	weißlich rosa	Z 30 D
	Prolifère	England um 1800	Mus.	rot	Z 46 C
	Prosperity	Pemberton 1919	Mosch.	cremeweiß	13 A
	Province Panachée (= Honorine de Brabant)	??	Borb. (Gall.)	rosalila gestreift	27 B
	"Pruhoniciana" (= Rosa x 'Hillieri')	Zeman/Hillier 1924	Moyes.	dunkelrot	A 33 A/B + 48 A/B
	Pucelle de Lille	Miellez um 1860	Gall.	rosarot	18 I
	'Pumila' (Rosa gallica 'Pumila')	südl. Europa		rot	A 19 C/D
Q	Quatre Saisons - siehe 'Semperflorens' (Rosa damascena)				9 E + 16 D
	Quatre Saisons blanc mousseux (= Rosa damascena 'Alba Muscosa')	Paestum 50 v. Chr.	Dam.	rosaweiß	11 D
	Queen of the Musk	W. Paul 1913	Mosch.	rosaweiß	Z 2 E
R	Raubritter	W. Kordes 1936	Macr.	hellrosa	A 2
	Red Damask	England vor 1789	Gall.	rot	13 I
	Reichspräsident von Hindenburg	Lambert 1933	TH	rosa	Z 26 G
	Reine Blanche	Moreau 1857	Musc.	milchig weiß	35 E
	Reine des Centfeuilles	Belgien 1824	Cent.	hellrosa	24 D
	Reine des Mousseuses	Moreau-Robert 1860	Musc.	hellrosa	Z 14 K
	Reine des Violettes	Millet-Malet 1860	RH	dunkel violettrot	9 I
	Reine Marguerite d'Italie	Soupert & Notting 1905	TH	rot	14 L
	Reine Victoria	Schwartz 1872	Borb.	rosarot	34 D
	Rembrandt	Moreau-Robert 1883	Portl.	hellrot	5 G
	René d'Anjou	Robert 1853	Musc.	dunkelrosa	36 E
	Reverend H. D'Ombrain	Margottin 1863	Borb.	silbrig karminrot	36 B/C
	reversa (R. x reversa = R. rubella)	pend. X pimp. 1820		rötlich creme	A 13 A
	Rhodophile Gravereaux	Pernet-Ducher 1900	Lut.	rosarot, Mitte weiß	47 A
	Rival de Paestum	Béluze/Paul 1841	Chin.	gelblich weiß	40 F
	Rivers' Musk	Rivers um 1835	Mosch.	weißrosa	A 33 B 2
	Robert le Diable	Frankreich vor 1850	Cent.	purpurviolett	33 C
	Robert Léopold	Buatois 1941	Musc.	kupfrig apricotgelb	10 K
	Robin Hood	Pemberton 1927	Mosch.	leuchtend rot	6 E

	Sorte oder Art	Züchter oder Einführer	Klasse	Blütenfarbe	Standort
	Roger Lambelin	Vve Schwartz 1890	RH	dunkelrot mit weißem Saum	12 F
	Rosa Mundi (= Rosa gallica 'Versicolor')	Clusius 1583	Gall.	rosa, rot und weiß gestreift	17 F
	Rosa sancta (= Rosa x richardii)	aus Äthiopien 1895		zart rosaweiß	9 M
	Rose à Parfum de Grasse	aus Kleinasien	Dam.	rosa	14 F
	Rose à Parfum de L'Haÿ	Gravereaux 1901	Rug.	violettrot	4 D
	Rose de Meaux	gefunden in Meaux 1637	Cent.	rosa	32 F
	Rose de Meaux White	??	Cent.	weiß	8 M
	Rose de Provins	aus Kleinasien 1270	Dam.	rosarot	32 C
	Rose de Puteaux	Jamain ? Um 1870	Dam.	rosa	22 H
	Rose de Resht	aus Persien 1880	Dam.	rot	47 D
	Rose des Peintres (= Rosa centifolia 'Major')	? vor 1800	Cent.	rosa	2 B
	Rose de la Maître École	Miellez 1840 ?	Gall.	lilarosa	Z 5 L
	Rose du Roi	Lelieur/Souchet 1815	Portl.	samtig rot	38 D
	Rose du Roi à fleurs pourpres (= Mogador?)	Frankreich 1819	Portl.	purpurrot	10 E
	Rose Édouard	Périchon 1821	Borb.	lebhaft rosa	AZ 13 A
	Roseraie de L'Haÿ	Cochet-Cochet 1901	Rug.	purpurrot	30 B
	Rote Hermosa (= Dunkelrote Hermosa)	Geissler 1899	Chin.	dunkelrot	AZ 10 L
	Rote Krimrose	??	Gall.	rosarot	Z 34 A
	"Rote von Karben" (N. N.)	??	TH	rot	46 A/B
	Rotkäppchen	Geschwind 1887	Pol.	rosarot	1 O
	Rouge Angevine	Chédane-Pajotin 1907	RH	krapprot	A 49 B
	roxburghii f. normalis	aus China 1908		lila bis weiß	Z 18 A
	rubiginosa (= Rosa eglanteria, Sweet Brier)	Europa vor 1594		hellrosa	AZ 26 A
	rugosa			lilaweiß	A 15 F
	rugosa x 'Kiftsgate'	Weihrauch	kl. Rug.	weiß	AZ 45 A
	Ruhm von Steinfurth	Weigand 1920	RH	rosarot	18 G
	Ruskin	Van Fleet 1928	Rug.	violettpurpurrot	A 49 F
S	Sachsengruß	Neubert 1912	RH	zart hellrosa	26 F
	Salet	Lacharme 1854	Musc.	rosa	48 C
	Saltaire	A. Dickson 1925	TH	dunkelrot	Z 14 D
	Sanguinea (Miss Lowe's Rose)	1887	Chin.	dunkelrot	A 11 H/I
	Sappho	England vor 1817	Alba	cremeweiß	42 A
	Sarah van Fleet	van Fleet 1926	Rug.	zart hellrosa	2 L
	Schneelicht	Geschwind 1896	Rug.	weiß	Z 45 B
	Schneeschirm	Tantau 1946	Pol. H.	weiß	Z 5 P
	Schneewittchen „01"	Lambert 1901	Pol.	cremeweiß	16 L
	Schneezwerg	Lambert 1912	Rug.	weiß	Z 2 M/N
	Séguier	Robert 1853	Gall.	violettpurpur + weiß	A 16 A
	'Semiplena' (= White Rose of York)	16. Jh.	Alba	rahmweiß	8 A
	'Semperflorens' = Rosa chinensis 'Semperflorens'	aus China 1789		hellrot	Z 13 D
	'Semperflorens' = Rosa damascena bifera	aus Kleinasien		rosa	16 D + 9 E
	Shailer's White Moss (Rosa centifolia 'Muscosa Alba'?)	Shailer 1788	Musc.	weiß	A 19 D
	Sidonie	Vibert 1847	RH	rosa	Z 1 B
	Signe Relander	Poulsen 1930	Rug.	hellrot	Z 13 H
	Silver Queen	W. Paul 1886	RH	weißlich rosa	A 22 D
	Single Red	Schottland	Pimp.	kräftig rot, außen silbrig	27 E
	Sir Joseph Paxton	Laffay 1852	Borb.	rosarot	34 B/C
	Sisi Ketten	Ketten 1900	Pol.	lachsrosa	5 O
	Sissinghurst Castle	England 1947, aber älter	Gall.	dunkelrot	Z 30 C
	Small Maiden's Blush	Kew Gardens 1797	Alba	zart rosaweiß	5 D
	Soeur Marthe	Vibert 1848	Musc.	rosa	Z 5 D
	Soleil d'Or	Pernet-Ducher 1900	Lut.	orangegelb	48 A
	Sophie de Marsilly	Moreau-Robert 1863	Musc.	dunkel- und hellrosa	18 E

	Sorte oder Art	Züchter oder Einführer	Klasse	Blütenfarbe	Standort
	Sophie's Perpetual	? vor 1928	Borb.	weißrosa bis weinrot	Z 18 K
	Soupert & Notting	Pernet père 1874	Musc.	rosarot	Z42 D
	Souvenir d'Alphonse Lavallée	C. Verdier 1884	RH	dunkelrot	Z 46 D
	Souvenir de Claudius Pernet	Pernet-Ducher 1920	Lut.	dunkelgelb	Z 18 G
	Souvenir de Jeanne Balandreau	Vilin-Robichon 1899	RH	rosa orangerot	Z 6 B
	Souvenir de la Malmaison	Béluze 1843	Borb.	zart weißlichrosa	Z 9 K
	Souvenir de la Malmaison Climbing	Bennett 1893	kl. Borb.	gelblich rosa	A 2 A
	Souvenir de la Reine d'Angleterre	Cochet frères 1855	RH	rosarot	Z 14 I
	Souvenir de Mme Auguste Charles	Moreau-Robert 1866	Borb.	lachsrosa	Z 9 B
	Souvenir de Philémon Cochet	Cochet-Cochet 1899	Rug.	zart rosaweiß	Z 9 I
	Souvenir de St. Anne's	G. S. Thomas 1916	Borb.	zart weißlichrosa	Z 35 A
	Souvenir du Dr. Jamain	Lacharme 1865	RH	dunkelrot	37 C
	Souvenir du Président Lincoln	Moreau-Robert 1865	Borb.	rot	2 I
	Souvenir du Rosiériste Gonod	Ducher fils 1889	RH	hellrot, rosa geädert	Z 41 B
	'Splendens' - Rosa gallica 'Splendens'		Gall. fr.	hellrot	6 H
	Spong	Spong 1805	Cent.	rosa	Z 14 L
	St. Nicholas	James/Hilling 1950	Dam.	rosarot	7 G
	Stämmler	M. Tantau 1930	RH	hellrot	4 H
	Staffa	in Kultur vor 1832	Pimp.	weißlich rosa	AZ 1 K
	Stanwell Perpetual	Lee 1838	Pimp.	weißlich rosa	31 D
	Star of Waltham	W. Paul 1875	RH	rosarot	3 M
	stellata 'Mirifica' - siehe 'Mirifica'				Z 17 E/F
	Stellmacher	M. Tantau 1937	Str.	rosarot	Z 22 A
	'Suaveolens'	aus Bulgarien 1889	Alba	milchig weiß	27 A
	'Suionum' (= Minette?)	aus Skandinavien	Gall. fr.	zart rosa	38 E
	Surpasse Tout	? Vor 1832	Gall.	hellrot	2 K
T	Thalie la Gentille	Descemet ? vor 1811	Gall. ?	dunkelrosa	A 27/29 A
	The Bishop (= L'Évêque?)	??	Cent.	hell violettrot	Z 2 F
	The Portland Rose (= Duchesse de Portland)	in England vor 1775	Portl.	hellrot	35 F
	Theano (= R. californica 'Plena'?)	Geschwind 1895	Majal.	hellrosa	A 11 A
	Thérèse Bugnet	Bugnet & Wright 1950	Rug.	rosa	21 G
	Thisbe	Pemberton 1918	Mosch.	hellgelb	28 E
	Thusnelda	Dr. Müller 1886	Rug.	lachsrosa	50 D
	Thyra Hammerich	Vilin/C. Verdier 1868	RH	zart hellrosa	Z 6 D
	Tom Wood	A. Dickson 1896	RH	rosarot	41 E
	Tour de Malakoff	Soupert & Notting 1857	Cent.	purpurviolett	14 A
	Trevor Griffiths	Austin 1994	Engl. Rose	rosa	Z 13 G/H
	Tricolore	Lahaye père 1827	Gall.	purpurrosa mit weißen Streifen	9 F
	Tricolore de Flandre	van Houtte 1846	Gall.	rosa, weiß und violett gestreift	Z 1 L
	Trier	Lambert 1904	Mosch.	gelblich weiß	27 D
	'Trigintipetala' (= Ölrose von Kazanlyk)	um 1700	Dam.	rosa	15 A
	Triomphe de Caen (nicht = Prince Arthur)	Oger 1861	RH	samtig granatrot	A 27/29 B
	Triomphe de la Guillotière	Guillot père 1863	Roxb. H.	weißlich rosa	A 19 A
	Triomphe de la Terre des Roses	Guillot père 1864	RH	violettrosa	Z 46 B
	Triomphe de l'Exposition	Margottin 1855	RH	purpurrot	28 C
	Trompeter von Säckingen	Geschwind um 1890	Mult.	dunkelrot	9 L
	Turenne	Vibert 1846	Gall.	rosarot	A 23 A
	Tuscany	Frankreich vor 1800	Gall.	samtig dunkelrot	18 C
	Tuscany superb	Frankreich vor 1848	Gall.	samtig dunkelrot	7 E
	"Typ Kassel" (N. N.)	Kloster Lippoldsberg	Cent.	rosa	31 B
U	Ulrich Brunner fils	Levet 1882	RH	hellrot	13 C
	Ulster	A. Dickson 1899	RH	lachs	A 50 K
	"Unbekannte rote Zentifolie" (N. N.)	gefunden von Gerda Nissen	Cent.	rosarot	Z 21 C
	Unermüdliche	Lambert 1904	Chin.	rosarot	6 M + A 44 D/E

	Sorte oder Art	Züchter oder Einführer	Klasse	Blütenfarbe	Standort
	"Unmuths Nachbar" (N.N.)		Gall.	rosa	AZ 18 G
	Urdh	M. Tantau 1930	RH	hellrot	30 D
V	Van Huyssum	Parmentier um 1845	Gall.	lebh. Rosa	Z 40 C
	Vanity	Pemberton 1920	Mosch.	leuchtend rosarot	6 A
	'Variegata' - Rosa centifolia 'Variegata'	in Angers um 1845	Cent.	rahmweiß mit rosa Streifen	11 G
	Variegata di Bologna	Lodi/Bonfiglioli 1909	Borb.	blassrosa m. purpurrosa Streifen	10 C
	Vater Rhein	Kiese 1922	TH	dunkelrot	A 28 F
	Velutinaeflora	Cariot?	Gall.	rosarot	3 O
	Venus	Welter 1904	Musc.	rosarot	1 D
	Venusta Pendula	?? (Kordes 1928)	Arv.	weißrosa	A 38 C
	'Versicolor' - Rosa damascena - siehe York and Lancaster				46 C
	'Versicolor' - Rosa gallica - siehe Rosa Mundi				17 F
	Vick's Caprice	Vick 1889 oder 1893	RH	lilarosa, rot und weiß gestreift	Z 10 M
	Vierge de Cléry	Baron Veillard 1888	Cent.	rahmweiß	15 E
	Ville de Londres	Robert 1850	Gall.	kräftig rot	4 L
	Ville de St. Denis	Thomas 1853	RH	rot	A 5 A
	villosa 'Duplex' (Wolley Dod's Rose)	England vor 1797		rosa	A 13 A
	Violacea (= La Belle Sultane = Maheka)	? 18. Jh.	Gall.	dunkelrot	25 B
	Violetta	Bruant 1924	Pol.	purpurviolett	3 P
	virginiana 'Plena' (= R. rapa)	1768		rosa	A 15 A
	Viscountess Folkestone	Bennett 1886	TH	lachsrosa	Z 35 G
	Vivid	A. Paul 1893	Borb.	leuchtend rot	17 C
	von Scharnhorst	Lambert 1921	Lut.	hellgelb	Z 41 A
	vosagiaca (Vogesenrose) = R. dumalis		Can.	rosarot	A 16 A
W	Wartburg 77	Berger 1977 (GPG Roter Oktober)	Str.	hellgelb	AZ 39 A
	Warwick Castle	Austin 1986	Engl. R.	dunkelrosa	A 26 I
	Wehrinsel	W. Berger 1959	Lamb.	dunkelrot	3 M/N
	Wenzel Geschwind	Geschwind 1902	TH	dunkelrot	A 27 F
	Wildenfels gelb	Dechant 1929	Lut.	hellgelb	Z 40 F
	Wildenfels rosa	Dechant 1928	Lut.	hellrosa	Z 46 A
	Wilhelm	W. Kordes 1934	Mosch.	leuchtend hellrot	1 I
	William Lobb	Laffay 1855	Musc.	purpurviolett	29 B
	Williams Double Yellow - siehe Double Yellow				Z 5 C
	willmottiae (Miss Willmott's Rose)	aus W. China 1904		lilarosa	A 2 A
	Wodan	Geschwind 1890	Mult.	karminrot	A 29/Z 29 A
	Wolly Dodd's Rose (= Wolley Dod's Rose) - siehe R. villosa 'Duplex'				A 13 A
	woodsii var. fendleri	westl. Nordamerika 1888		mattrosa	AZ 35 A
Y	'yakushimanensis' (R. wichuraiana)	Japan	Bod.	weiß	A 16/18 A
	Yolande d'Aragon	Vibert 1843	Portl.	purpurrosa	4 K
	York and Lancaster (= Rosa damascena 'Versicolor')	Monardes 1551		unregelmäßig weiß und rosa	46 C
	Yvonne Rabier	Turbat 1910	Pol.	weiß, Mitte gelblich	Z 1 E
Z	Zaire	Vibert 1849	Musc.	dunkelrosa	4 E
	Zéphirine Drouhin	Bizot 1868	Borb.	rosarot	2 A
	Zigeunerblut	Geschwind 1890	Borb.	rot	30 G
	Zigeunerknabe	Geschwind/Lambert 1909	Borb.	rot	7 C
	Zoe	Miellez um 1840	Gall.	rosa	3 L
	Zoe	Vibert 1830	Musc.	rosa	Z 21 B

HILFREICHE LITERATUR

Hedi und Dr. Wernt Grimm / Anny Jacob / Bruno Müller, ALTE ROSEN UND WILDROSEN, Ulmer 1990

Christine Meile und Udo Karl, ALTE ROSEN – ALTE ZEITEN, Wißner 2008

Francois Joyaux, ENZYKLOPÄDIE DER ALTEN ROSEN, Ulmer 2008

Peter Beales, KLASSISCHE ROSEN, DuMont 1992
MODERNE ROSEN, DuMont 1996

Gerd Krüssmann, ROSEN ROSEN ROSEN, Parey 1974

Alma de l'Aigle, BEGEGNUNG MIT ROSEN, Frick 1997

Peter Harkness, ROSEN, Naturbuch 1992

Paul Starosta / Eléonore Cruse, ROSEN, Taschen 1998

Peter Beales et al., ROSEN ENZYKLOPÄDIE, Könemann 1999

Charles & Brigid Quest-Ritson, ROSEN, Dorling Kindersley 2004

Heide Rau, ROSEN, Gräfe und Unzer 2008

Christian Schultheis, UNSER ROSENBUCH, Schultheis 2010

Trevor Griffiths, MY WORLD OF OLD ROSES, Nelson 1986
THE BOOK OF CLASSIC OLD ROSES, Mermaid Books 1988
A CELEBRATION OF OLD ROSES, Michael Joseph 1990

Charlotte Testu, LES ROSES ANCIENNES, Flammarion 1984

Graham Stuart Thomas, THE OLD SHRUB ROSES, Dent 1983
SHRUB ROSES OF TODAY, Dent 1986

Brent C. Dickerson, THE OLD ROSE ADVISOR, Timber Press 1992
THE OLD ROSE ADVENTURER, Timber Press 199

Hella Brumme und Peter Dietze, TASCHENATLAS ROSEN, Ulmer 2003

André Eve & Noémie Vialard, ROSEN, Ulmer 2004

Anke Kuhbier, ROSEN LEXIKON, Ellert & Richter 2001

Stephen Scanniello, ROSES OF AMERICA, Henry Holt 1990

BILDNACHWEIS

Die Rose, Th. Nietner
Verlag Wiegandt, Hempel & Parey, 1880
Fig. 7, S. 19, Abb. S. 3

Ulrike Romeis, Lünen
Foto Umschlag, Foto S. 16/17

Cordula Ernst, Offenbach
Fotos S. 6, 10, 22, 23, 28, 29, 34, 35, 40, 44, 45, 54, 70-72

Daphne Filiberti, San Diego
Fotos S. 8, 12/13

Ralf Berster, Karben
Fotos Rosenportraits S. 18 bis 43, 46
Abb. Standortkoordinaten S. 75

Irmela Richter, Karben
Foto S. 46

Rosemarie Kärcher-Schack, Karben
Fotos S. 48, 50/51, 73

Ivonne Berkenhagen, Karben
Foto S. 53

Markus Bülow, Wuppertal
Fotos S. 14/15, 41

Standortkoordinaten (Abb. rechts):

Die Standorte sind alphanumerisch bezeichnet. Sie lassen sich nach folgendem Schema leicht ermitteln:
Vom Parkplatz aus gesehen befinden sich rechts des Mittelpfades die ungeraden (1-49) und links des Mittelpfades die geraden (2-50) Reihennummern. Die Durchbuchstabierung beginnt jeweils am äußeren Rand und endet am Mittelpfad, d.h. also bei den ungeraden Reihen von rechts nach links und bei den geraden Reihen von links nach rechts. Das vorangestellte "Z" steht für "Zwischenreihe" und das "A" bedeutet "Außer der Reihe".
Die mit einem Fragezeichen versehenen Sorten wurden unter einem wahrscheinlich falschen Etikett geiefert, und eine korrekte Bestimmung war bisher noch nicht möglich.